우리아이
동글동글
머리 만들기

우리아이 동글동글 머리 만들기

손근형 지음

ss°

CONTENTS

귀 연골 이상

CHAPTER
03
고개가
기우는
사경

PROLOGUE

당신의 아이에게 사랑이 넘쳐흐를 것만 같은 동글동글한 예쁜 머리와 귀를 선물하세요!

성장 발달 단계에 따라 달라지는 중요한 문제

신의 축복 같은 아이가 태어나면 성장 발달 단계에 따라 시기별로 중요한 문제들이 있습니다. 신생아 시기에는 성장과 발달에 대한 문제가 중요하고, 영유아 시기에는 감기, 알레르기, 아토피 등 환경적 문제들이 중요하지요.

청소년 시기로 넘어가면 2차 성징과 학습 발달에 관한 문제들이 중요합니다. 그 외에도 중요한 문제들은 산더미처럼 많습니다. 하지만 많은 부모들이 현명하게 잘 풀어가면서 아이를 잘 키우고 있습니다.

저는 소아청소년과 병원의 원장으로서 많은 신생아나 영유아들을 진료하고 있습니다. 더불어 많은 부모들과 대화를 나누지요. 그중에서 유난히 많이 상담하는 증상이 있습니다. 그것은 바로 사두증과 귀 연골 이상, 사경(斜頸)에 대한 것입니다.

갑자기 발견하게 되는 사두증과 귀 연골 이상, 사경

아이를 목욕시키다 우연히 머리 한쪽은 눌려 있고, 다른 한쪽은 튀어나와 있는 걸 발견합니다. 또 귀가 접혀 있는 것을 보게 되지요. 그리고 아이가 유독 한쪽만 보는 걸 좋아한다는 사실을 발견했을 때 부모들은, 특히 어머니들은 매우 혼란스러워합니다.

그것이 정상인지, 아니면 다른 질병의 한 원인인지 알지 못해 속앓이를 하곤 합니다. 가장 먼저 주변 지인에게 물어보지만 확실한 답변을 듣지 못합니다.

그저 시간이 지나면 괜찮아질 것이라는 애매한 말만 듣게 되지요. 그 말이 과연 맞는 것인지, 그냥 이대로 둬도 되는 것인지 몰라 혼자서 인터넷에서 정보를 찾아보지만 완벽한 결론을 얻기는 힘듭니다.

그렇게 헤매다 다른 원인으로 병원을 찾아 저에게 상담합니다. 그러면 저는 이렇게 말합니다.

> "그대로 두면 안 됩니다. 아이의 미래를 위해 교정을 받는 것이 좋습니다."

출산 후 모든 것이 새롭고 낯선 상황에서 잘못된 정보나 무책임한 조언으로 교정의 골든타임을 놓치는 경우가 많습니다. 쉽게 교정할 일을 평생 안고 가야 할 짐으로 만들 필요가 없지 않을까요? 그래서 저는 이 책을 쓰게 되었습니다.

크면 좋아질 거라는 말의 의미는?

저는 소아청소년과 전문의를 취득하고, 산부인과 병원에서 근무를 시작했습니다. 그러다 보니 신생아들 진료가 많을 수밖에 없었습니다. 신생아를 둔 어머니들은 궁금한 것이 참 많기 때문에 노트에 수북하게 적어옵니다.

"우리 아이가 수유를 마치고 누웠는데 왈칵 토했어요."
"코에서 그렁그렁 소리가 나는데 코감기가 아닐까 걱정이 돼요."
"피부가 오돌토돌 올라왔는데 이게 아토피인가요?"
"밤새 어디 아픈 것처럼 끙끙거리는데 너무 불안해요."
"눈곱이 끼는데 눈병인가요?"

원인이 없는 증상은 없기에 저는 이런 분들에게 세심하게 설명해드립니다. 그러던 어느 날이었습니다. 한 달 된 신생아를 안고 어머니 한 분이 진료실로 들어오셨습니다. 그분도 다른 어머니들과 마찬가지로 질문 리스트를 안고 저에게 이것저것 물었지요. 비슷한 질문이기에 그에 맞는 설명을 해드리고 진료를 끝내려던 차에 그분이 이렇게 묻는 것이었습니다.

"아! 한 가지가 더 있는데, 아이 머리모양이 동그랗지가 않아요. 목욕시키다가 우연히 발견을 했는데 괜찮을까요?"

바로 아이의 뒤통수 모양을 살펴보니 한쪽이 튀어나와 있고 한쪽이 들어갔는데 의사인 제가 보기에도 머리모양이 이상했습니다.

'진짜 머리모양이 대칭이 안 맞네. 왜 그럴까? 이런 내용은 수련 과정에서 없었는데…… 별로 중요하지 않으니 안 가르쳐줬을 거야.'

그래서 이렇게 답변을 드렸습니다.

"크면서 좋아질 겁니다. 신생아들은 다 그렇죠."

그리고 다른 어머니와 진료를 시작했습니다. 그분은 2개월이 된 신생아 예방 접종을 위해 병원에 내원하셨는데 자주 묻는 질문들을 하신 뒤에 이렇게 묻는 것이었습니다.

"아이 귀가 태어날 때부터 접혀서 나왔는데, 계속 만져주라고 해서 만져주는데 아직도 안 펴졌어요."

바로 귀 모양을 확인해보니 진짜 귀가 동그랗지가 않고 연골이 접혀 있었습니다.

"신생아들이 많이들 그래요. 자주자주 만져주세요. 그럼 펴져요. 좀더 기다려보세요."

하지만 그 전에 진료하던 아이가 생각났습니다.

'아까 다른 아이도 귀가 접혀 있었는데 귀 접힌 아이들이 꽤 많네? 머리가 눌린 아이들도 꽤 많구나.'

이런 상황은 계속 반복이 되었습니다. 그리고 1개월 때 병원에서 진료를 받던 아이들이 2개월에, 4개월에, 6개월에 다시 내원하면 저는 그 아이들의 진료기록을 보고 이전에 이상이 있었던 것들을 확인해보지요.

'머리가 눌려 상담했던 아이구나. 이 아이는 머리가 납작해서 질문했네? 귀가 접혀서 질문했던 아이구나……. 어? 그런데 왜 머리가 계속 눌려 있고 뒤통수는 납작하지? 왜 귀가 계속 접혀 있지?'

치료 가이드라인이 없었던 질환들

그제야 저는 깨달았습니다. 머리가 눌려 있거나 뒤통수가 납작하거나 귀가 계속 접혀 있는 것은 시간이 지나면 저절로 좋아지지 않는다는 것을 말입니다.

그동안 대수롭지 않게 답변했던 "커가면서 돌아와요", "괜찮아요. 시간이 지나면서 예뻐질 거예요"라는 대답이 얼마나 무책임한 말이었는지 확실하게 인식하게 된 것이었습니다. 그래서 제 자신이 부끄러웠습니다. 의사로서의 죄책감도 느꼈습니다.

아쉽게도 대학병원의 소아청소년과 전문의 수련 과정에는 이런 진료 내용이 없습니다. 삐뚤어진 머리, 납작한 뒤통수, 귀 연골 이상을 어떻게 치료하고 관리해야 하는지에 대한 가이드라인이 없었던 것입니다.

왜냐하면 대학병원에 입원할 정도의 소아들 중에는 머리가 눌리고 귀가 접히는 것은 그리 중요한 게 아니기 때문입니다. 아이가 호흡이 힘들어 인공호흡기에 의지해 있는데 머리모양에 신경 쓸 겨를이 있겠습니까? 원인 모를 고열로 밤새 아파하는데 머리나 귀 모양에 신경 쓰는 부모나 의사는 없을 것입니다.

그러니 소아청소년과 전문의라고 하더라도 이런 내용에 대해 제대로 대답을 할 수 없었던 것입니다.

질병은 아니지만 평생 트라우마가 될 수 있는

생명과 결부가 되지 않는다고 해서 중요하지 않은 것은 아닙니다. 나중에 성장한 뒤 척추 건강과 밀접한 관련이 있으며, 특히 외모를 중시하는 현실에서 미적인 것은 평생의 트라우마가 될 수도 있습니다. 저 또한 머리가 납작해 여전히 뒷머리에 신경을 쓰고 있습니다. 나름 트라우마가 되어 누가 뒷머리에 대한 이야기를 하면 위축이 되곤 하지요.

의사인 저의 역할은 질병을 치료하는 것이었습니다. 하지만 아이의 미래를 위해 사두증이나 귀 연골 이상, 특히 사경도 중요하다는 생각이 들기 시작했습니다. 질병은 아니지만 부모가 불안을 느끼고, 문제라고 생각한다면 그것을 의사인 제가 해결해주는 것이 옳은 일이라고 생각했습니다.

지금까지의 진료 패러다임이 바뀌어야 한다면 저부터 바꾸고 싶다는 생각이 들었습니다. '소아청소년과에서 그간 받지 못했던 진료를 내가 한번 시작해보자'라는 마음을 먹고 두상 교정 헬멧을 이용해 두상 교정을 하고, 귀 교정을 하는 방법을 공부했지요. 실제 진료 현장에서 이 내용을 대입하면서 진료를 시작했습니다.

그러면서 저는 머리가 눌리고, 한쪽을 유독 선호하고, 귀가 접혀 형태가 변형되는 것이 별개의 질환이 아닌 서로서로의 선후관계 속에서 발생할 수밖에 없는 결과물이라는 것을 알게 되었습니다.

당연하듯, 별 의미 없어 보이는 하나의 증상이 다른 증상을 유발하는 원인이 될 수 있다는 사실을 크게 깨닫게 된 것이지요.

머리가 눌리고 납작해지며 귀가 접히는 것의 근본적 원인은 '사경'이라는 질환에 있었습니다. 그래서 그 질환에 대한 이해와 연구를 했지요. 그 결과 제가 얻은 답은 이것입니다.

'아이가 고개를 가누고, 뒤집고, 기고, 앉고, 서고, 걷는 일련의 발달 과정이 적절한 때에 대칭적으로 나타나는 것이 가장 중요하다.'

즉 사경을 관리하고 치료하는 것은, 아이의 발달을 체크하고 부족한 부분을 채워준다는 개념임을 깨달았습니다.

골든타임만 놓치지 않기를

지금까지 사두증, 귀 연골 이상, 사경에 대한 데이터와 경험이 많이 쌓여 현재 제가 병원을 운영하고 있는 대전 지역뿐 아니라 다른 지역권에서도 많은 부모들이 진료를 받기 위해 찾아오십니다. 아마 이 분야를 진료할 수 있는 병원이 몇 군데밖에 없기 때문이겠지요.

하지만 저를 찾아오시는 분들과 상담해보면 정말 안타까운 일들이 벌어지곤 합니다. 바로 골든타임을 놓쳤다는 것이지요. 저절로 좋아질 수 있거나 쉽게 교정될 수 있는 골든타임을 놓치고 오셔서 현재는 손을 댈 수 없는 상태거나 치료할 수 없는 시기에 내원하셨던 겁니다. 너무나 아쉬운 일입니다.

왜 이런 일이 벌어졌을까요?

진료를 받기 위해 저희 병원에 찾아오신 한 어머니께 여쭤봤습니다.

> "일찍 이 문제를 인지하셨을 텐데 왜 이제야 오셨어요?"

그랬더니 그분이 이렇게 대답하는 것이었습니다.

> "정말 병원에 가고 싶었어요. 그리고 묻고 싶었어요. 하지만 집안의 어르신들이 왜 이렇게 유별나게 구냐며, 시간이 지나면 괜찮아질 것을 왜 어린 아이를 데리고 병원에 가냐는 이야기를 많이 하셨어요. 그래서 맘카페에 물어봤지만 그냥 기다려보라는 등 대수롭지 않게 생각하는 글들이 많았어요."

그래서 저는 제 진료 경험을 모아서 이 문제에 대해 고민하는 어머니들에게 좀더 공식적인 정보를 제공하기로 했습니다. 시간이 지나면 돌아온다는 무책임한 말보다는 실제로 도움이 되는 조언들을 해주면 더 좋지 않을까 하는 생각이 들었지요.

실제 제가 진료하고 경험한 비슷한 사례들을 모아서 소개해드리면, 이 문제를 해결하는 데 도움이 될 것입니다.

지속적인 관리를 통해 예쁜 머리와 귀, 바른 자세를 갖기를

실제로 진료 현장에서 사두증과 귀 연골 이상, 사경에 대해 물어보시는 분들이 전체 신생아 부모의 80%에 달하니, 앞으로 아이를 키우게 될 예비 부모들, 현재 신생아를 돌보고 계신 부모들, 신생아를 같이 돌봐주시는 주변 가족 분들, 진료 현장에서 신생아를 만나게 되는 의료진 분들까지 모두 이 책이 도움이 될 것이라 확신합니다.

아이의 머리와 귀 모양은 시간이 지나면 저절로 예뻐지는 게 아니라, 지속적인 관리를 해야만 비로소 잘 생긴, 예쁜 결과물을 얻을 수 있습니다.

이 책을 읽고 소중한 아이에게 예쁜 머리와 귀, 바른 자세를 선물해주시면 어떨까요? 어릴 적 자신을 소중하게 생각했던 부모의 마음은 아이가 큰 다음에 더 절실하게 와 닿을 겁니다.

CHAPTER

01

사두증

01
사두증이 뭐예요?

사두증이란?

사두증(plagiocephaly)은 그리스어로 비스듬하다는 뜻의 'plagios'와 머리를 뜻하는 'kephale'의 합성어로 비대칭적인 형태의 머리를 뜻합니다. 사두증은 신생아 때 흔히 나타나는 현상으로 누워 있는 자세와 높은 연관성이 있지요. 누워 있는 자세가 바르지 못하면 아이 두개골이 변형을 일으켜 두개 안면 구조에 영향을 미칩니다.

두개골 성장의 85%는 생후 1년 안에 일어나며 그 이후에는 성장 속도가 현저히 떨어집니다. 따라서 여러분의 아이가 두개골이 바르지 못하다면 가장 빨리 성장하는 생후 1년 안에 사두증 치료를 받아야 합니다. 그래야 가장 큰 효과를 얻을 수 있지요.

사두증이 생기면?

아이의 두개골은 성인과 달리 말랑말랑합니다. 이때 압력에 의해 두개골 성장에 제한을 받게 되면 당연히 두개골은 비대칭적이거나 편평한 모양이 만들어지겠지요. 이렇게 발병이 된 사두증은 뇌 성장이나 발달에 영향을 미치고 안면비대칭을 유발합니다. 이후 체형도 불균형이 되지요.

머리모양의 유형

머리모양의 유형에는 사두증과 단두증, 복합형태, 주상두증이 있습니다. 사두증이란 한쪽 뒤통수는 들어가고 반대쪽은 튀어나와 양쪽이 비대칭을 보이는 경우를 말합니다.

단두증은 뒤통수가 납작해서 앞에서 보았을 때는 옆으로 넓적해 보이고, 옆에서 보았을 때는 뒤통수가 납작한 형태를 말합니다.

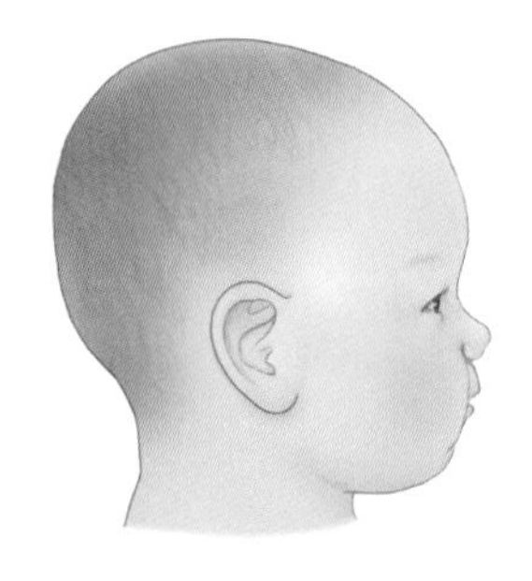

정상적인 두상

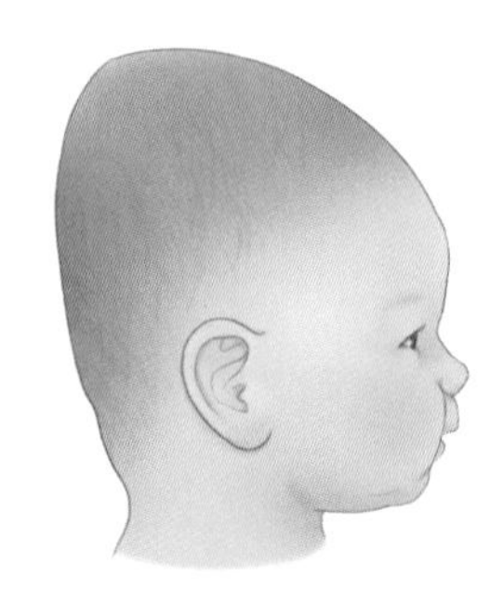

콘헤드 형태의 두상

또한 위쪽으로 머리가 솟아 콘헤드 형태를 띠는 경우도 많습니다. 20페이지의 그림을 보면 확인하기가 쉬울 것입니다.

왼쪽에 있는 그림은 정상적인 두상이고, 오른쪽에 있는 그림은 콘헤드 형태를 띠고 있습니다. 이런 형태는 단두증에서 흔합니다.

사두증과 단두증의 차이

복합형태는 사두증과 단두증이 같이 나타나는 것을 말합니다. 실제로 진료를 하다 보면 복합형태가 가장 많습니다.

주상두는 단두와는 반대로 앞뒤로 긴 머리 형태를 말합니다. 22페이지의 그림을 보면 좀더 쉽게 이해할 수 있을 겁니다.

앞뒤가 긴 머리 유형인 주상두

주상두의 경우 드물게 두개골 조기유합증이 있을 수 있으니 의사의 진료를 받는 것이 좋습니다. 의사가 진료한 후 검사가 필요하다 싶으면 X-ray 검사를 통해 봉합선을 확인하기도 합니다.

예를 들어 시상봉합이 조기에 유합이 되면 머리가 옆으로 성장하지 못하고 앞뒤로만 성장하게 됩니다. 조기유합증 같은 기저 질환이 없다는 걸 확인해야만 교정 진료가 가능해집니다.

두상의 여러 가지 형태

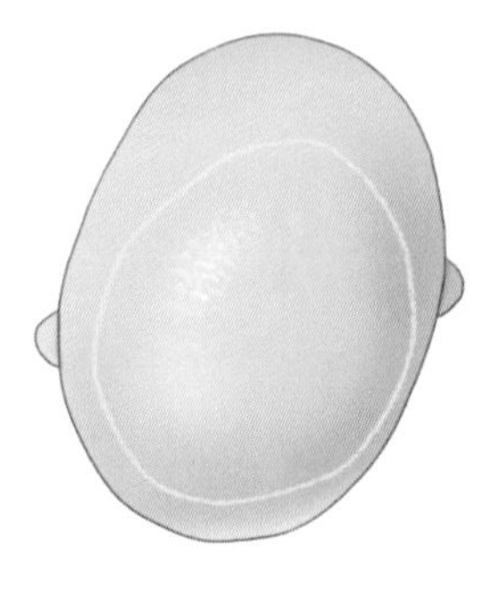

사두증
좌우 비대칭형

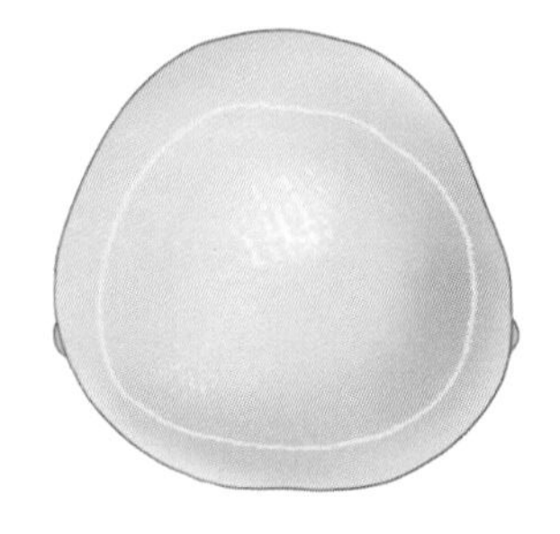

단두증
납작 머리(평머리) 모양

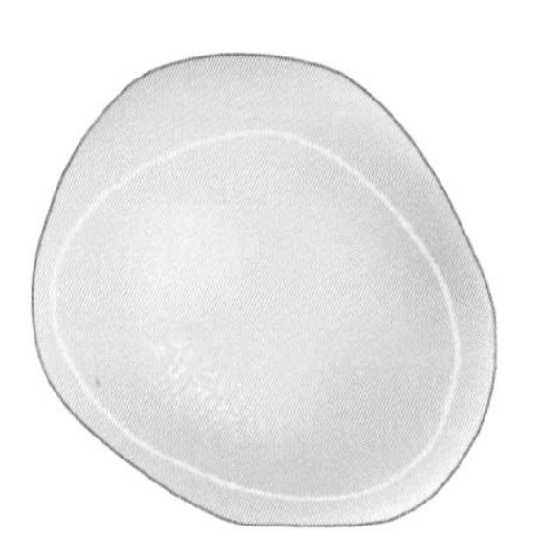

사두증 + 단두증(복합형)
좌우 비대칭 + 납작 머리

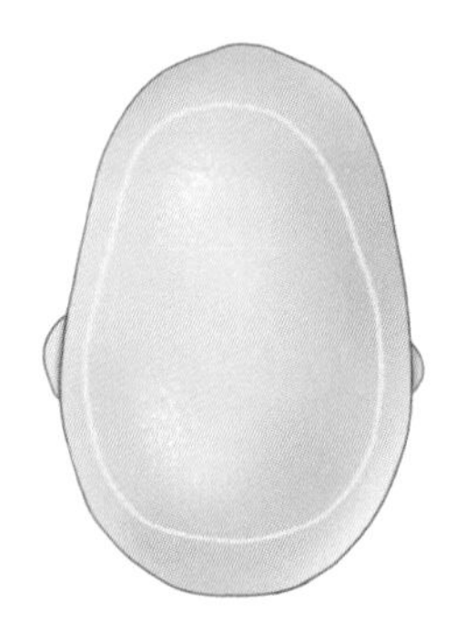

주상두증
앞뒤 긴 머리

두개골의 구조와 봉합선

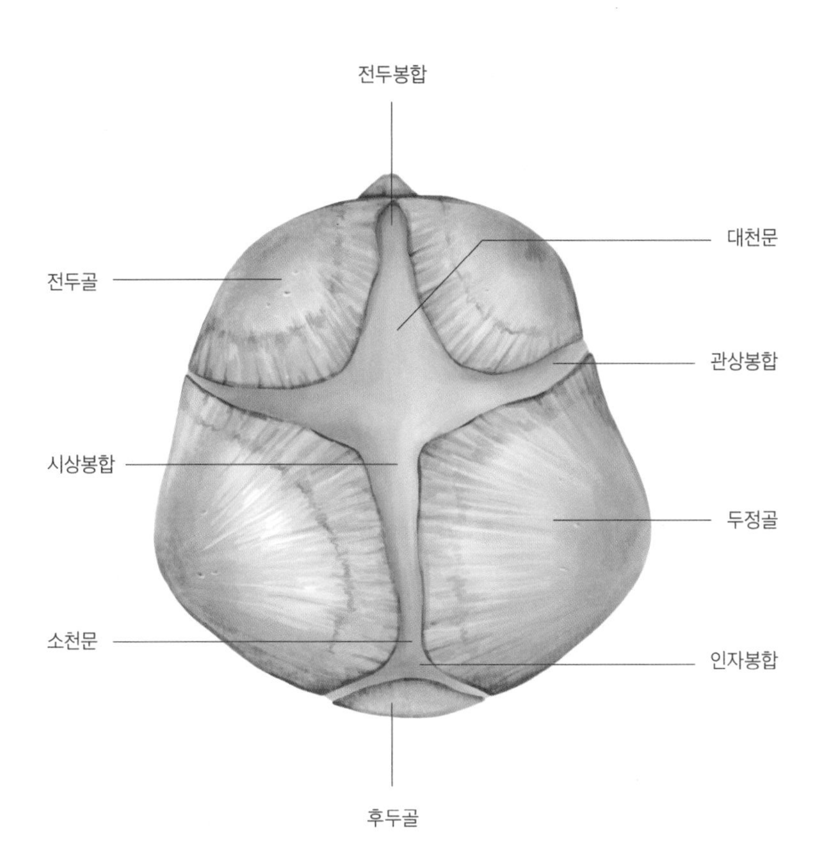

02
사두증과 단두증의 주요 원인은?

한쪽만 보면?

사두증과 단두증의 주요 원인은 아이가 주로 한쪽을 보는 자세가 오랫동안 지속됐기 때문입니다. 한쪽을 보는 시간이 많아지면 바닥에 닿은 머리 부분이 눌려 자라지 못합니다. 상대적으로 눌리지 않는 부분은 점점 자라면서 비대칭의 머리모양이 되는 것이지요.

아이의 머리는 보통 1달에 5mm 내외, 급성장기에는 1달에 거의 10mm 가까이 자랍니다. 그런 이유로 신생아 때 단 한 달이라도 한쪽만 주로 바라보면서 한 자세로 눕히면 바로 사두증이 생기는 것이지요.

그렇다면 단두증은 어떨까요? 아직 두개골이 말랑말랑한 상태의 신생아는 오랜 시간 똑바로 누워만 있으면 뒤통수가 눌리면서 양쪽 옆이 자라고 뒤통수가 납작해지지요.

단두증

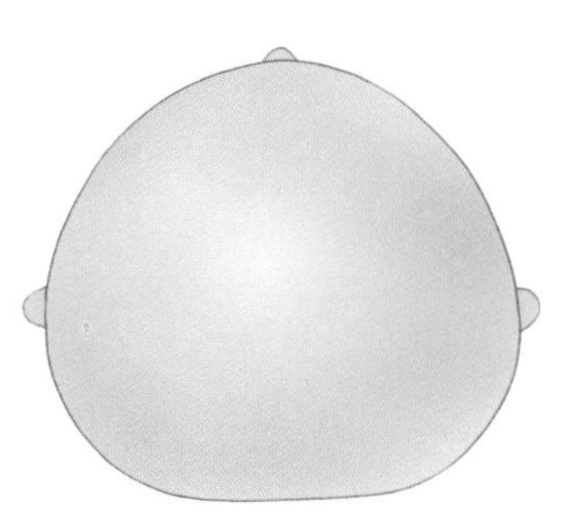

오랜 시간 똑바로 누워 있으면 뒤통수가 눌려 납작해진다.

사두증

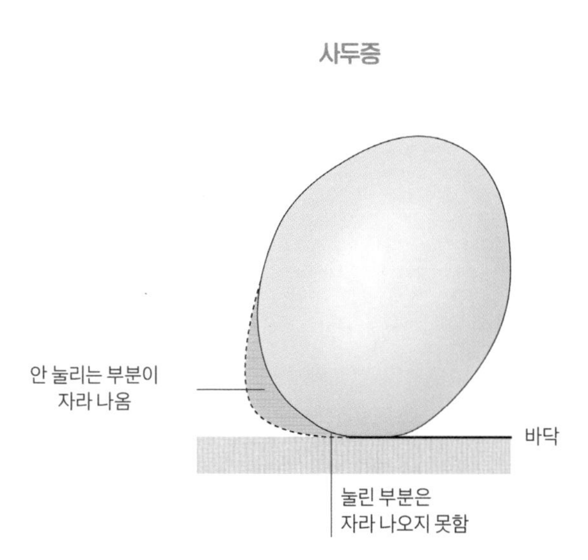

한쪽을 보는 자세가 오랫동안 지속되면 눌린 부분은 자라지 못하고,
눌리지 않는 부분은 자라 나오면서 비대칭이 된다.

자세 이상이 생기는 주요 원인

다시 한 번 강조하지만 사두증과 단두증은 오랜 시간 한쪽만 보고 있는 신생아의 자세 이상 때문에 생기는 증상입니다. 그렇다면 왜 자세 이상이 생길까요?

첫 번째 원인은 아이를 돌보는 부모의 보육 자세에 있습니다. 한 어머니가 아이의 진료를 받기 위해 절 찾아오셨을 때 이렇게 말한 적이 있습니다.

> "아이가 잘 게우고 토해서 계속 한쪽으로 눕혔어요. 태어날 때 두혈종이 있어 일부러 그쪽으로 눕히지 않고 반대로 눕혔는데 아이를 반대로 돌려놔도 유독 좋아하는 쪽으로만 보려고 하니 어쩔 수 없었어요. 예쁜 두상을 만들어주려고 짱구베개나 좁쌀베개에 아이를 반듯하게 쭉 눕혀놨어요."

이 어머니는 최대한 아이를 편안하게 해주기 위해 노력했겠지만 아쉽게도 이런 보육 자세가 사두증이나 단두증을 유발합니다. 신생아일 경우, 어느 한쪽만 보게 하지 말고 양쪽을 번갈아가면서 보게 해야 합니다. 그래야 사두증이나 귀 연골 이상, 사경을 예방할 수 있습니다.

아이가 유독 어느 한쪽을 좋아한다고 그냥 둬선 안 됩니다. 시간별로 계속 아이의 머리를 돌려줘야 합니다. 즉, 싫어하는 방향도 일부로 보게 해야 한다는 것이지요.

혹시 머리를 돌려도 아이가 다시 자기가 보고 싶은 곳만 본다고요? 그렇다고 하더라도 계속해서 반복적으로 반대편으로 보게 해야 합니다. 물론 여러모로 육아에 지친 어머니에게 매 시간 아이의 머리를 돌려야 한다는 것이 힘들 수 있습니다.

하지만 신생아의 경우 아이의 머리를 예쁘게 만들어주고 훗날 생길 수 있는 척추 질환을 예방하기 위해서 몇 달간만 세심하게 신경을 써주시면 어떨까요? 한두 번 해보고 아이가 싫어한다고 그냥 두는 건 아이의 미래를 위해 좋은 일은 아닙니다.

자세 이상이 생기는 부차적 원인

두 번째 원인은 쌍둥이의 경우에 해당하는데 좁은 자궁에 둘이 같이 있다 보니 공간이 좁아 머리가 눌려 태어나기도 합니다.

세 번째 원인은 한쪽을 선호하는 경향이 나타나 머리가 눌리게 되는 경우 사두증이 생기게 됩니다. 즉, 사경이라는 질환이 주 원인으로 챕터 3에서 다시 설명할 테지만 간단하게 정리하자면 한쪽 목 근육의 두께 증가 혹은 길이 단축으로 인해 힘의 균형이 깨져서 머리가 한쪽으로 기우는 증상을 말합니다.

또는 목이나 목 근육이 선천적으로 짧아 그런 경우도 있지요. 후천적으로 보자면 뼈의 이상이 생겼거나 사시(斜視)로 인해 발생할 수도 있습니다. 이 부분은 챕터 3에서 더 자세하게 살펴볼 예정입니다.

네 번째 원인은 조산으로 인해 미숙아로 태어날 경우 인큐베이터에서 생활하게 되는데, 좁은 공간 안에서 주로 한쪽만 보다가 사두나 단두가 생기기도 합니다.

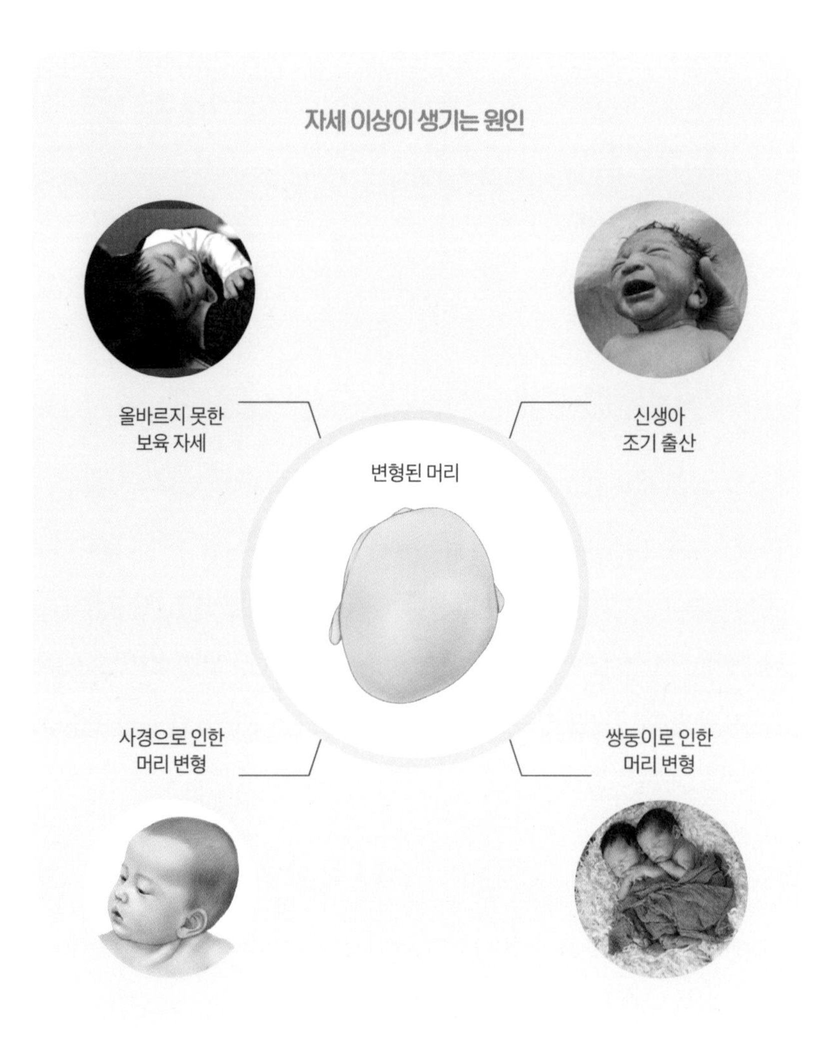
자세 이상이 생기는 원인
올바르지 못한
보육 자세
신생아
조기 출산
변형된 머리
사경으로 인한
머리 변형
쌍둥이로 인한
머리 변형

03
사두증에 동반되는 문제

생명을 위협하는 질병은 아니지만

사두증은 생명을 위협하는 질병이 아닙니다. 그 자체만은 미용적인 측면에 영향을 미치는 것에 지나지 않습니다. 옛날에는 머리가 납작하고 앞통수가 툭 나와도 생명을 위협하는 큰 질병만 아니라면 그리 크게 신경을 쓰지 않았습니다.

하지만 현재는 다릅니다. 성인이 된 후의 취업이나 사회생활에서 조금 더 원활한 관계를 맺기 위해서는 미용적인 측면이 매우 중요하게 부각되고 있습니다. 더욱이 졸업 앨범 사진을 위해 일찍부터 성형외과에서 미용수술을 받는 학생들이 많습니다.

사두증의 심한 정도에 따라

사두증의 심한 정도에 따라서 안면비대칭들이 동반되는데 일반적으로 생각하는 것보다 빈도수가 높다고 할 수 있지요. 예를 들면 뒤통수가 들어간 쪽과 같은 방향의 이마와 귀, 광대가 튀어나오게 됩니다.

이마의 비대칭은 아래쪽에서 올려다보거나 위에서 내려다보면 좀더 정확하게 확인할 수 있습니다. 심한 경우는 앞에서만 봐도 그 차이가 뚜렷하게 보입니다. 이런 비대칭 소견은 성장하면서도 그대로 차이가 남아 있을 수 있기 때문에 미용적 문제뿐만 아니라 기능적 문제로도 진행될 수 있습니다.

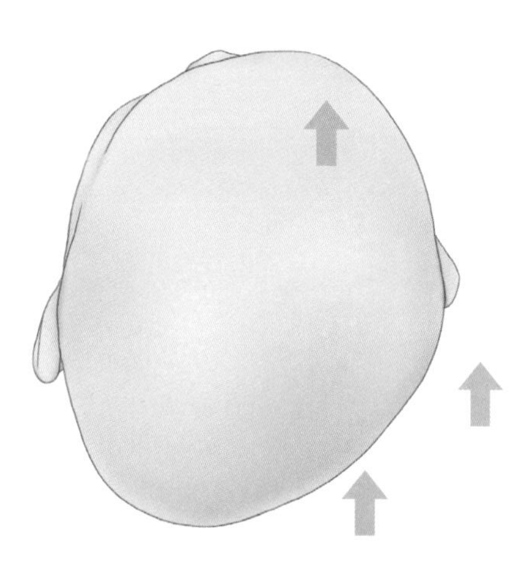

사두증은 뒤통수가 들어간 쪽과 같은 방향의
이마와 귀, 광대가 튀어나온다.

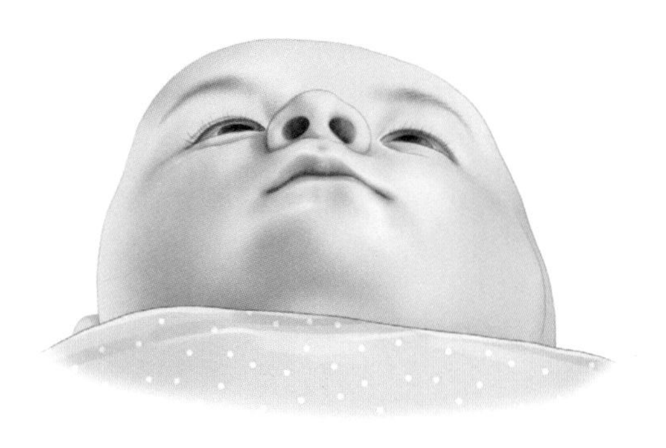

이마비대칭은 아래쪽에서 올려다볼 때
정확하게 확인할 수 있다.

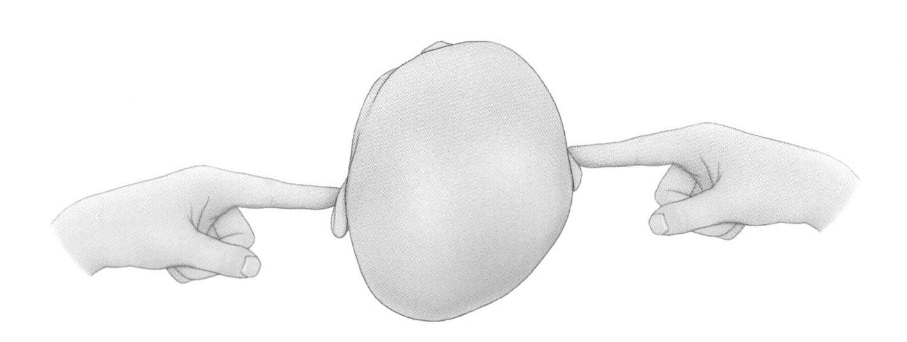

귀비대칭은 위에서 내려다보면
정확하게 확인할 수 있다.

04

사두증과 단두증 측정하는 방법

장축과 단축의 길이 차

사두는 가장 긴 장축과 가장 짧은 단축의 길이 차로 진단합니다. 양쪽의 대칭이 잘 맞는다면 길이 차이는 0이 되겠죠? 보통 0~4mm 차이까지는 정상으로 보고, 5~7mm까지를 경증의 사두증으로 봅니다.

8~10mm까지를 헬멧 교정의 전 단계로 보고, 경계치로 표현합니다. 11~13mm까지를 헬멧 교정을 고려하는 시기로 보고, 14mm 이상부터 사두증이 심하다고 표현합니다. 당연히 헬멧 교정이 필요한 수치입니다.

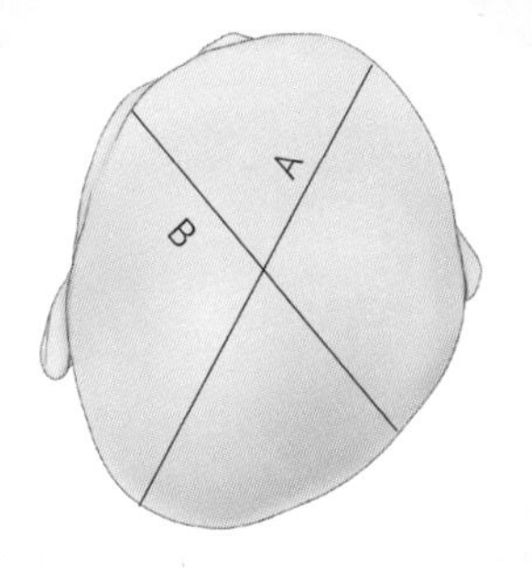

0-4mm : 정상

5-7mm : 경증

8-10mm : 헬멧 교정 전 단계

11-13mm : 헬멧 교정 고려

14mm 이상 : 헬멧 교정 필요

황금 비율은 85% 안팎

단두는 앞뒤를 X, 양옆 길이를 Y로 표현했을 때 Y/X ×100 으로 표현합니다. 예를 들어 앞뒤 길이인 X가 100일 때, 양옆 길이인 Y 가 85 정도라면 공식에 넣었을 때 85(양옆)/100(앞뒤)×100이 되고, 그 값은 85%가 됩니다. 85% 정도 수치를 황금 비율이라고 합니다.

85~89%까지를 정상범위로 보고, 90~92%까지를 경증의 단두, 93~94%까지를 헬멧 교정의 전 단계로 봅니다. 95~97%까지를 헬멧 교정을 고려하는 시기로 보고, 98% 이상부터 단두증이 심하다고 진단합니다.

100% 이상시 앞뒤 길이보다 양쪽 옆 길이가 더 긴 비정상적인 형태가 됩니다. 비율이 80% 미만이면 앞뒤로 긴 주상두라고 진단합니다.

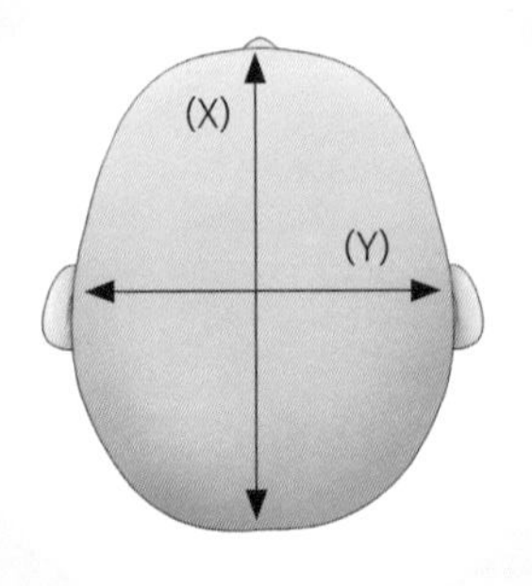

85-89% : 정상

90-92% : 경증

93-94% : 헬멧 교정 전 단계

95-97% : 헬멧 교정 고려

98% 이상 : 헬멧 교정 필요

05
두상은 무엇으로 측정하나요?

두상을 측정하는 기구, 캘리퍼

두상을 측정하는 기구를 캘리퍼라고 합니다. 재질이 나무에서 플라스틱, 철 등 다양한 형태의 캘리퍼가 있지요. 제가 많은 아이를 진료하면서 여러 가지 캘리퍼를 사용해본 결과 무게가 가볍고 움직임이 부드러운 것이 가장 사용하기 편했고, 나무보단 플라스틱이 가볍고 움직임이 부드러웠습니다.

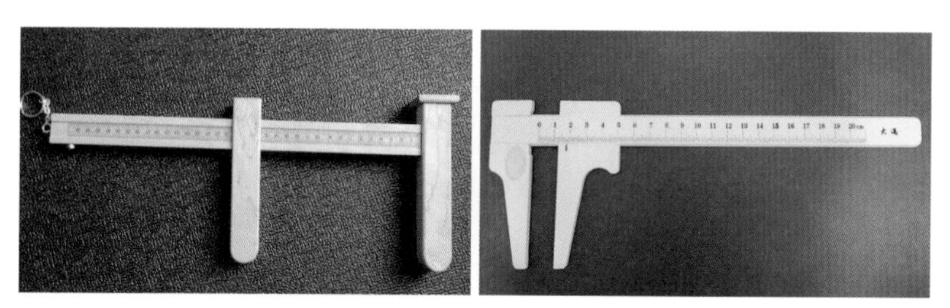

나무 캘리퍼(좌)와 플라스틱 캘리퍼(우)

신생아 베개 사용에 대한 문제들

신생아가 태어나면 준비할 용품들이 많습니다. 아이템들이 너무 많아서 하나하나 나열하기도 힘들 정도지만 그중 베개도 필수 준비물에 들어가지요.

좁쌀이 들어가서 아이가 머리를 대면 머리모양대로 모양이 변하는 좁쌀베개에서부터 가운데 부분이 움푹 들어가서 예쁜 뒤통수를 만들어준다는 뒤통수베개까지 형태도 다양합니다.

그러나 아이러니하게도 단두증으로 내원하는 아이들의 대부분은 좁쌀베개나 뒤통수베개에 눌린 경우가 상당히 많았습니다. 좁쌀베개와 뒤통수베개를 쓰고 있다는 안도감 때문인지 너무 오랜 시간 베개에 눕혔기 때문에 뒤통수는 납작해집니다.

소아청소년과 전문의 입장에서 신생아를 위한 베개 사용은 그다지 권장하지 않습니다. 아이의 머리모양을 예쁘게 유지하려면 장기간 한 자세로 눕히는 것이 아니라 양쪽으로 번갈아 가면서 눕히는 것이 가장 좋습니다. 그리고 낮 동안 터미 타임(Tummy time, 아이가 배로 엎드려 있는 시간)을 늘려주는 것이 예쁜 두상을 만드는 데 중요합니다.

특히 단두 증상이 있는 아이들은 유모차나 바운서를 이용할 때도 뒤통수가 눌리지 않도록 주의하는 것이 좋습니다.

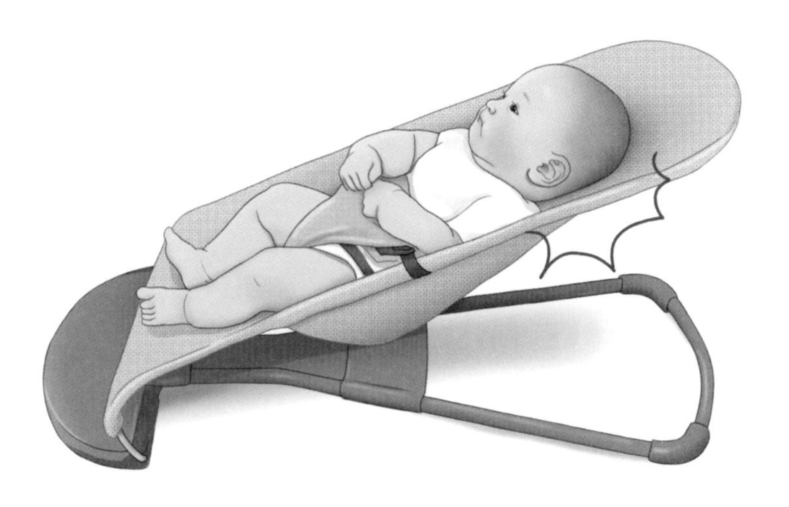

단두증이 있는 경우 유모차나 바운서를 이용할 때
뒤통수가 눌리지 않도록 주의하는 것이 좋다.

06
사두증을 교정하는 방법에는 어떤 것이 있나요?

시기와 수치에 따라 치료 방법이 달라지는

사두증은 언제 발견했는지, 수치가 어떻게 되는지에 따라 치료 방법이 달라집니다. 생후 2주 BCG 예방접종(결핵을 예방하는 접종) 및 생후 1개월 B형간염 예방접종 시 발견이 되는 경우는 진단이 빠른 경우이므로 바로 셀프로 자세 교정을 해주면 예후가 굉장히 좋습니다. 2주 정도만 확실히 자세를 잡아줘도 눈에 띄게 좋아집니다.

저는 BCG 예방접종과 B형간염 예방접종을 하러 오면 두상과 이마 그리고 정수리 부근의 비대칭을 확인합니다. 이때 발견이 돼서 자세 교정을 해주면 다음 진료할 때 비대칭이 많이 좋아졌음을 확인할 수 있었습니다. 부모들의 만족도 또한 높았습니다.

진단 시기가 빠르면 효과도 좋다

많은 아이들을 진료해보았지만 유독 기억나는 아이가 있습니다. 생후 1개월이 된 아이의 사두 측정치가 8~9mm까지 확인되고, 이마비대칭이 동반되어 사두증과 이마비대칭이라는 진단을 내렸습니다.

당연히 어머니는 많이 놀라셨습니다. 소중한 아이가 사두증과 안면비대칭이 있다는 진단을 받으면 누구나 놀랍고 당황스러울 것입니다.

저는 어머니에게 셀프 자세 교정에 대해 설명해드렸습니다. 다음 달 진료 때 다시 만났는데 사두 측정치가 9mm에서 2mm까지 줄어들고 이마비대칭이 많이 좋아졌습니다.

제 진단에 놀란 어머니가 셀프 자세 교정을 정말 열심히 해준 덕분이었겠지요. 이처럼 진단이 빠르면 자세 교정 효과도 매우 좋습니다.

생후 3개월까지의 아이 머리는 상대적으로 말랑말랑하기 때문에 조기 발견이 되면 셀프 자세 교정에 대한 예후가 좋습니다.

셀프 자세 교정을 할 수 있는 시기를 넘어서면

셀프 자세 교정이 힘든 경우는 생후 4개월이 넘어 진단이 되는 경우입니다. 그때 아이는 힘이 세지고 뒤집기도 혼자만의 힘으로 하면서 셀프 자세 교정을 유지하기가 쉽지 않습니다. 그래서 그 다음 단계로 헬멧 교정을 고려해봐야 합니다.

만약 사두 측정치가 헬멧 교정이 필요한 정도라면 우선 아이가 머리 가누기가 가능한지를 확인해봐야 합니다. 대략 생후 4개월부터 머리 가누기가 가능하기 때문에 헬멧 교정을 고려해보는 것이 좋습니다.

제 경험에 의하면 여기서 말하는 헬멧 교정이 필요한 수치는 사두 11mm 이상, 단두 96% 이상부터입니다. 여기에 더해 안면비대칭 여부에 따라서 헬멧 교정을 결정하는 비율이 올라갑니다.

CHECK POINT

- 사두증과 단두증을 교정하는 방법에는 셀프 자세 교정과 헬멧 교정이 있다.
- 셀프 자세 교정은 생후 4개월 미만일 경우 효과가 좋다.
- 셀프 자세 교정이 힘들면 헬멧 교정을 고려해봐야 하는데 생후 4개월 이상이 되어야 하며 머리 가누기가 가능한 상태에서 진행하는 것이 좋다.

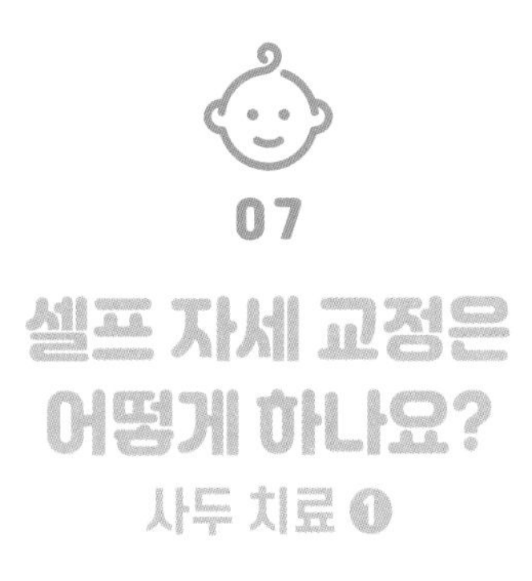

07

셀프 자세 교정은 어떻게 하나요?

사두 치료 ❶

생후 4개월 미만은 셀프 자세 교정을

사두증과 단두증이 있다고 해서 모두 헬멧 교정을 하는 것은 아닙니다. 머리를 가누지 못하는 생후 4개월 미만의 아이는 사두증과 단두증이 심하다고 해도 헬멧 교정을 하지 못합니다. 헬멧 자체가 다소 무게가 있기 때문에 아이에게 압박이 심하겠지요.

그러면 경증의 사두증과 단두증을 가진 아이들이나 헬멧을 쓰지 못하는 개월 수의 아이들은 어떻게 해야 할까요? 자세 교정이란 것을 합니다. 즉 자세를 바로잡아줌으로써 자연적으로 머리모양이 변하도록 유도하는 것입니다.

셀프 자세 교정 방법

그렇다면 가정 내에서 할 수 있는 셀프 자세 교정 방법을 알려드리겠습니다. 앞에서도 언급했지만 사두증은 한쪽으로 오랜 기간 누워 있기 때문에 생기는 증상입니다. 한쪽으로 눌린 머리 부분은 자라 나오지 못하고, 눌리지 않는 부분만 자라 나오면서 생기는 것이지요.

그렇기 때문에 튀어나온 부분을 바닥에 닿게 해서 더 이상 자라 나오지 못하게 해야 합니다. 즉, 아이의 머리 중 튀어나온 부분이 바닥에 닿게 눕혀야 합니다. 바닥이 곧 헬멧 역할을 해주는 것이죠.

그러나 어머니가 아이 머리를 돌려줘도 아이는 곧 자기가 원하는 방향으로 다시 돌려버립니다. 계속 돌려줘도 마찬가지일 겁니다. 이럴 경우엔 등에 쿠션을 대주면 자세가 좀더 잘 유지가 됩니다. 44페이지의 그림을 보면 좀더 쉽게 이해할 수 있을 것입니다. 다만 좀더 안정적인 자세를 위해 등에 대는 쿠션을 높게 하고, 배 부분에도 쿠션을 대는 것이 좋습니다.

제 세 아이의 예를 들어볼까요? 첫째는 첫아이다 보니 아내가 신경을 많이 썼습니다. 아이의 움직임 하나에도 즉각즉각 대응했고 머리도 이리저리 굴려가면서 두상 관리에도 힘썼습니다. 그 덕분에 머리모양이 아주 예쁩니다.

둘째의 경우 아내가 육아에 지치다 보니 눕혀놓는 시간이 많았습니다. 그래서인지 뒤통수가 약간 납작한데다가 두혈종까지 있어 두상이 울퉁불퉁하기까지 합니다. 하루는 어린이집에서 연락이 온 적이 있었습니다. 아이가 놀다가 머리를 부딪쳤는데, 머리가 울퉁불퉁하니 다쳐서 혹이 난 줄 아시고 선생님이 걱정스레 연락해주신 것이었지요. 제가 머리를 만져보니 다행히 평소 모양과 같았습니다. 미용실에서 아이들 머리를 깎일 때도 둘째 아이 머리에 대해서는 자주 얘기를 듣는 편이지요. 이런 일들을 겪다 보니 아내는 지금까지도 둘째 머리모양에 대해서 마음이 아프다고 합니다.

셋째는 다시 마음을 다잡고 두상 관리에 신경을 쓴 결과 첫아이처럼 머리모양이 예쁩니다. 둘째는 이제 8살인데 벌써 외모에 신경을 쓰고 자기 머리모양에 대해 종종 "아빠, 내 머리모양은 왜 이래요?"라고 묻곤 합니다. 제 아이들의 사례만 봐도 머리모양이 얼마나 중요한지 새삼 느끼게 됩니

셀프 자세 교정의 원리

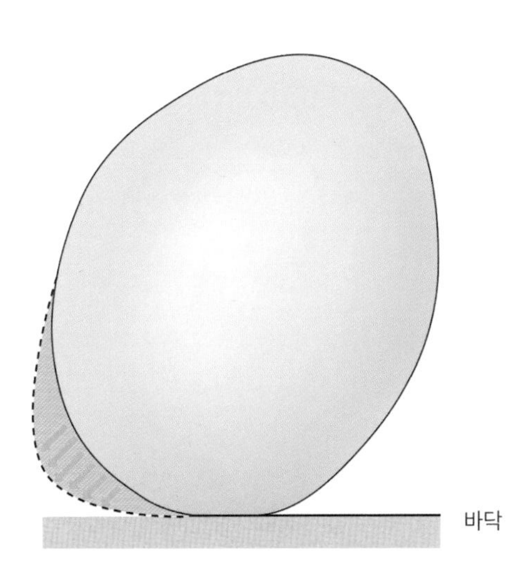

튀어나온 부분을 바닥에 닿게 해서
더 이상 자라지 못하게 해야 한다.

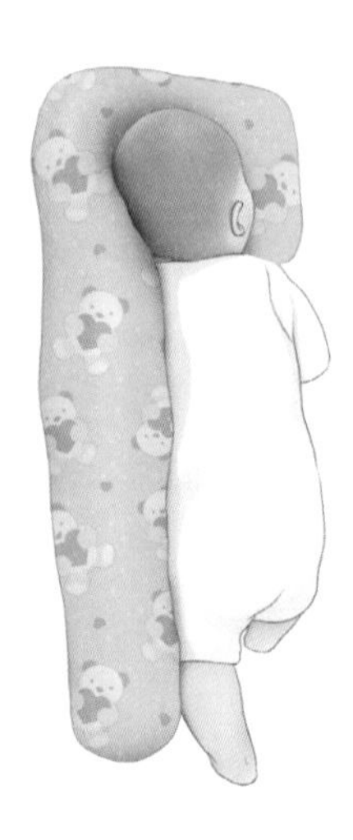

가정 내에서 쉽게 할 수 있는 자세 교정은
베개를 활용해 효과를 높일 수 있다.

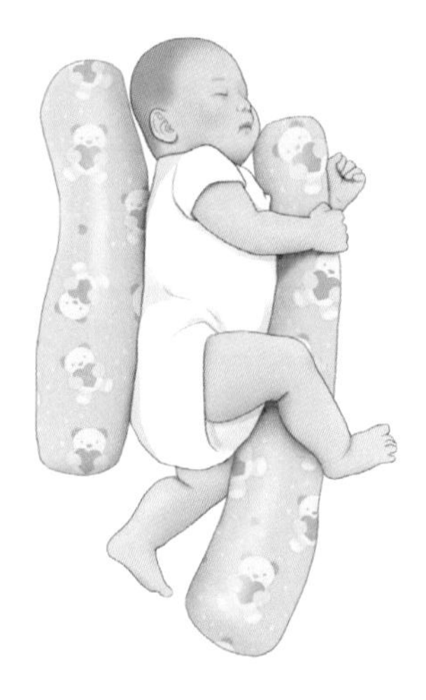

더 안정적인 자세를 위해 등 부분의 쿠션은 높게 하거나
배 부분에 쿠션을 대는 것도 좋다.

다. 경미한 사두증이라도 부모가 해줄 수 있는 한 최대한 셀프 자세 교정을 통해 머리모양을 초기에 바로잡을 필요가 있지요.

셀프 자세 교정의 적기는 생후 4개월까지

셀프로 하는 자세 교정의 적기는 생후 4개월까지이며, 이 시기가 넘어가면 아이의 힘과 의지가 세져서 부모가 원하는 자세로 장시간 눕힐 수 없게 됩니다.

4개월이 넘어서도 어느 정도 자세 유지가 된다면 셀프 자세 교정을 더 지속하셔도 괜찮습니다. 가장 중요한 것은 아이의 협조도입니다.

셀프로 자세 교정을 굉장히 잘한 아이가 있었습니다. 사두증이 심해서 이 아이는 헬멧 교정으로 이어지겠구나, 하고 생각한 적이 있는데 한 달 뒤 다시 진료해보니 눈에 띄게 많이 좋아져 있었습니다. 그래서 제가 물었지요.

"어떻게 해서 이렇게 좋아지셨나요?"

"알람을 맞춰놓고 주기적으로 일어나서 계속 머리를 돌려줬어요."

저는 이 이야기를 듣고 '어머니가 자식을 사랑하는 마음은 정말 대단하구나!'라는 걸 느꼈습니다.

셀프 교정 베개에 대한 특허를 낸 계기

저는 많은 부모들에게 셀프 자세 교정 방법을 자세히 알려드리고 있습니다. 헬멧 교정보다는 쉽게 접근할 수 있기에 조기에 빨리 발견되어 일찍 교정해주는 것이 부모나 아이에게 더 좋기 때문이지요. 하지만 이것이 그리 쉽지만은 않다는 것을 잘 알고 있습니다. 저는 아이가 셋인데 이 부분에 대해 아내와 많은 상의를 했지요. 한번은 제가 아내에게 이렇게 물은 적이 있습니다.

"여보, 아이가 싫어하는 방향으로 재우는 게 그렇게 힘든 일인가?"

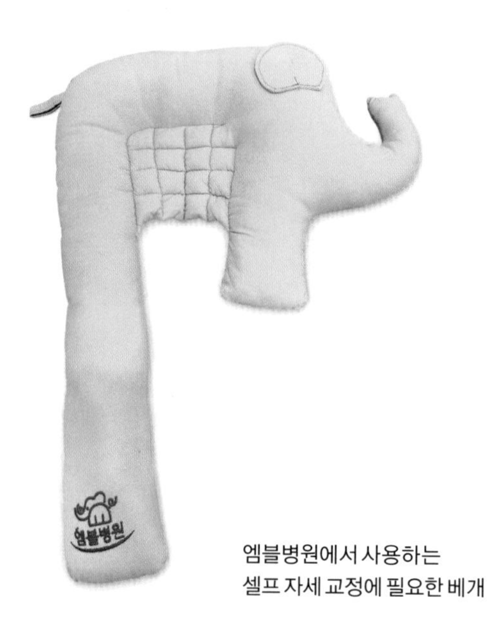

엠블병원에서 사용하는
셀프 자세 교정에 필요한 베개

"당연히 힘든 일이지. 여보, 이불을 둘둘 말아서 해놓아도 다시 이불이 등에서 빠지기 일쑤고, 엄청 거추장스럽고……."
"그럼 이불이 등에서 잘 빠지지 않게 하면 어떨까?"
"그럼 훨씬 나을 것 같은데!"

아내와의 대화에서 힌트를 얻는 저는 앞으로 태어날 셋째가 쓸 수 있는 베개를 한번 만들어보면 어떨까 하는 생각에 이르렀습니다. 제가 일하는 엠블병원의 마크인 코끼리 모양을 본떠서 아이를 옆으로 재웠을 때 등 받침이 뒤로 빠지지 않고 몸을 감싸줄 수 있게 디자인을 했지요. 몇 번의 디자인 수정 끝에 최종 작품이 나왔고, 이 제품으로 자세 교정 및 사두 방지 쿠션 특허를 받았습니다.

처음 나온 시제품을 셋째에게 쓸 수 있도록 아내에게 선물했습니다. 그 후 아내의 만족도가 매우 높은 것을 보고 자신감을 얻었습니다. 아래의 사진은 제 셋째 아들이 교정 베개를 사용한 모습입니다.

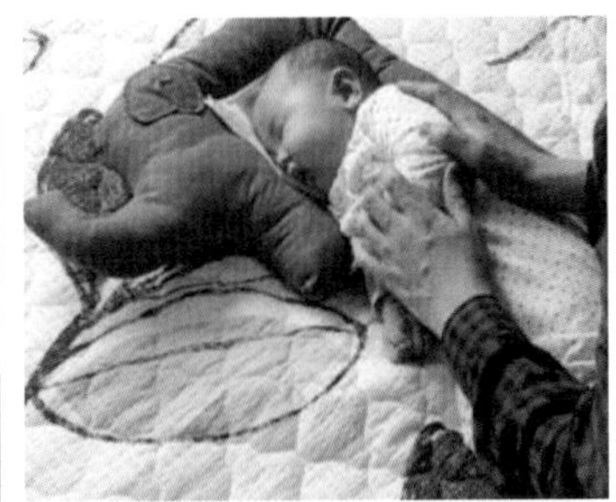

셋째 아이가 교정 베개를 사용하는 모습

08

헬멧 교정은 어떻게 하나요?

사두 치료 ❷

헬멧 교정은 생후 4개월 이후부터

헬멧 교정은 생후 4개월 이후 목을 가누기 시작하면 고려해봐야 합니다. 헬멧 교정의 원리는 헬멧으로 튀어나온 부분을 감싸서 더 이상 튀어나오지 못하게 하고, 들어간 부분에는 머리가 자라 나올 수 있는 공간을 확보해서 그쪽 방향의 머리가 자라 나올 수 있게 유도하는 것입니다.

헬멧의 안쪽은 스펀지로 되어 있어 땀을 흡수하기 용이하고 피부 압박에 의한 트러블이 덜합니다. 헬멧의 바깥쪽은 플라스틱으로 되어 있어 헬멧을 쓰고 잠들 때 자세에 의해서 형태가 눌리지 않게 딱딱합니다.

헬멧 교정의 원리

헬멧 교정은 헬멧을 통해 자라 나온 부분을 막아주고
들어간 부분은 자라 나올 수 있게 하는 원리를 이용한 것이다.

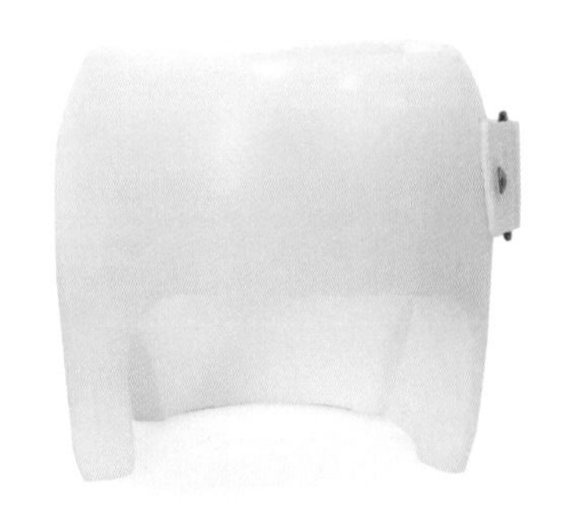

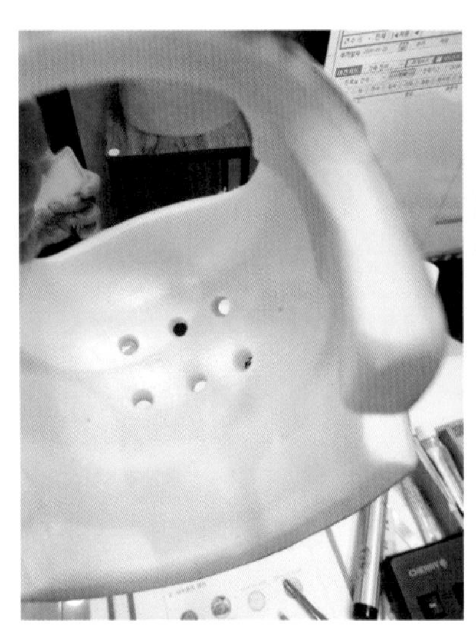

헬멧 안은 스펀지로 되어 있어 땀을 흡수하기 좋고,
피부 압박에 의한 트러블이 덜하다.

사두 11mm 이상과 단두 96% 이상일 경우 교정을

사두증에서 헬멧 교정은 사두 11mm 이상, 단두 96% 이상일 때 고려합니다. 안면비대칭이 얼마나 심한지도 헬멧 교정을 결정하는 중요한 요인이 되지요.

제 경험상 사두 11mm, 단두 96% 정도에서 헬멧 교정을 결정하는 비율이 대략 50~60% 정도 됩니다. 사두 13mm 이상, 단두는 98% 이상에서는 대략 90% 정도 결정을 합니다.

헬멧 교정의 적기는 생후 4개월에서 6개월까지

헬멧 교정의 적기는 보통 생후 4개월에서 6개월입니다. 하루에 권장하는 착용 시간은 15시간 이상이며, 착용 시간이 길수록 효과가 좋습니다. 처음에는 아이가 하루 1시간씩만 쓰게 하면서 적응기를 갖다가 점차 사용 시간을 늘려갑니다. 아이가 적응하는 데 시간이 필요한 것이지요.

억지로 헬멧을 쓰게 한다든가 혹은 처음부터 무리하게 시간을 길게 잡으면 아이에게 정신적으로나 육체적으로나 좋지 않습니다.

특히 땀이 많은 아이는 헬멧을 쓰기 전 면포를 머리에 씌우고 헬멧을 착용하면 땀을 흡수하는 데 도움이 되기 때문에 조금 더 쾌적하게 사용할 수 있습니다.

땀이 많이 나는 아이일 경우 머리에
면포를 감아주고 헬멧을 쓰면
조금 더 용이하게 헬멧 교정을 받을 수 있다.

사두 5mm 이내, 단두 90% 이내가 되면 교정 종료

헬멧 교정의 종료는 시기적으로는 대략 생후 12개월 정도이며, 수치로는 사두 5mm 이내, 단두 90% 이내에 도달했을 때입니다.

12개월이 지나면 머리가 매월 3mm 내외로 자라기 때문에 성장 속도가 더뎌지고, 잘 때 움직임이 많아져 사두증이나 단두증이 더 이상 나빠지지 않습니다. 그러므로 목표치에 도달했다면 생후 12개월부터는 헬멧 교정을 종료하셔도 됩니다.

제 진료 경험상 이마비대칭은 처음보다 많이 호전되나 광대뼈비대칭은 헬멧 교정을 종료한 이후에도 남아 있을 수 있습니다. 남아 있는 비대칭은 아쉽지만 더 이상 교정할 수 있는 방법이 없습니다.

헬멧 교정의 부작용

헬멧 교정을 할 경우 가장 큰 문제점은 아이에게 접촉성 피부염이 생길 수 있다는 것입니다. 눌린 부분의 피부에 염증이 생겨 빨갛게 부어올라 진물이 나올 수 있지요. 일시적으로 모발이 나지 않는 부위가 생길 수 있으나 헬멧 착용을 중단하면 발적이 사라지고 수 주 내에 다시 모발이 나기 시작합니다.

발적이 심하면 헬멧 착용을 중단합니다. 하루나 이틀 정도 발적 상태를 보아가면서 그 증상이 가라앉으면 다시 착용해보세요. 그리고 접촉성 피부염을 줄이기 위해 면포를 감아 피부를 보호해주는 것도 중요합니다.

혹시라도 다시 발적이 일어나면 착용을 중단했다가 그 증상이 나아지면 다시 시작하는 것이지요. 특히 아이가 38℃ 이상의 발열이 있을 때에도 헬멧 착용을 잠시 중단해야 합니다.

어린 아이가 피부염으로 힘들어하면 부모 입장에선 마음이 찢어질 만큼 아프겠지만 훗날 아이의 미래를 위하여 골든타임을 놓쳐선 안 됩니다.

당신의 아이 사두증 체크리스트

- ☐ 머리모양이 비대칭이다.
- ☐ 머리모양 한쪽이 눌려 있다.
- ☐ 머리모양이 납작하다.
- ☐ 양쪽 이마비대칭이 있다.
- ☐ 유독 한쪽만 본다.
- ☐ 유독 정수리가 콘헤드처럼 솟아 있다.
- ☐ 양쪽 귀의 모양이 다르다.

위 증상에서 2가지 이상 해당되면 사두증이 의심됩니다.

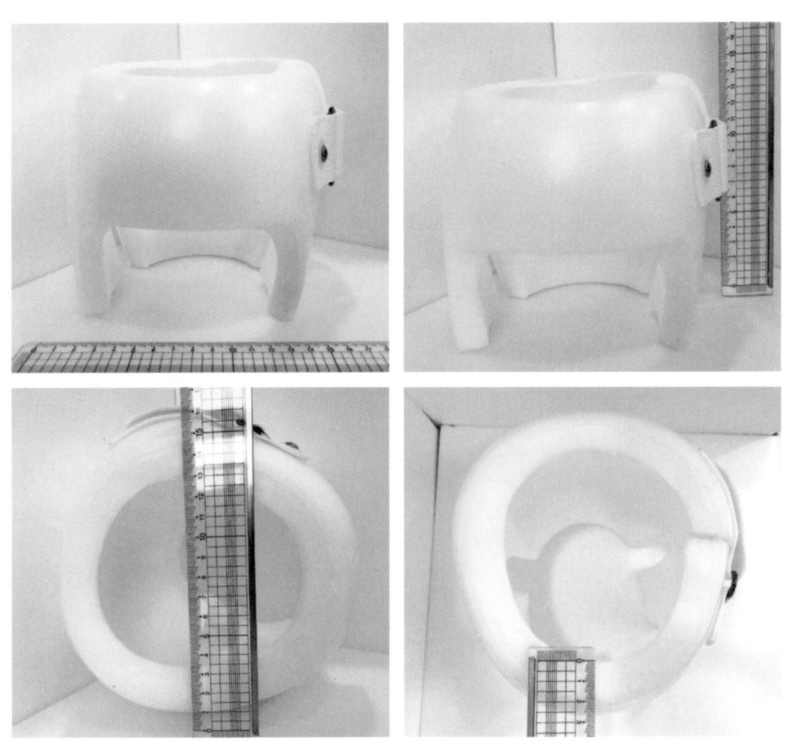

헬멧의 대략적인 사이즈는 가로 14cm , 세로 14cm 정도이고,
내부 스펀지 두께는 2cm 이상으로 두툼합니다.
헬멧 교정을 진행하면, 매달 헬멧 판매처에 방문해
두상에 맞게 내부 스펀지를 깎아내면서 수정해야 합니다.

09

헬멧 교정으로 사두증이 나아졌어요!

교정 사례 1

많은 분들이 헬멧 교정에 대해 궁금해합니다. 그래서 실제 헬멧 교정 사례를 소개하고자 합니다. 우선 57페이지의 교정 전 데이터를 보면 아이 머리의 양옆 길이(ML, 137mm)가 앞뒤 길이(AP, 136mm)보다 더 깁니다. 사두와 단두 측정 결과 사두 2mm, 단두 100.7%였습니다.

그래서 헬멧 교정을 시작했고, 힘들지만 아이와 부모가 열심히 교정해 준 결과 5개월 만에 단두 비율이 91.3%가 되었습니다. 양옆 길이(ML))는 교정 처음과 비교해 137mm로 변하지 않았지만 앞뒤 길이(AP))는 처음보다 14mm나 자랐습니다. 비대칭 차이인 사두는 2mm에서 0으로 변했지요. 이런 경우는 헬멧을 쓰는 기간을 늘려 정상인 90% 미만으로 만든 뒤 교정을 종료합니다.

교정 전

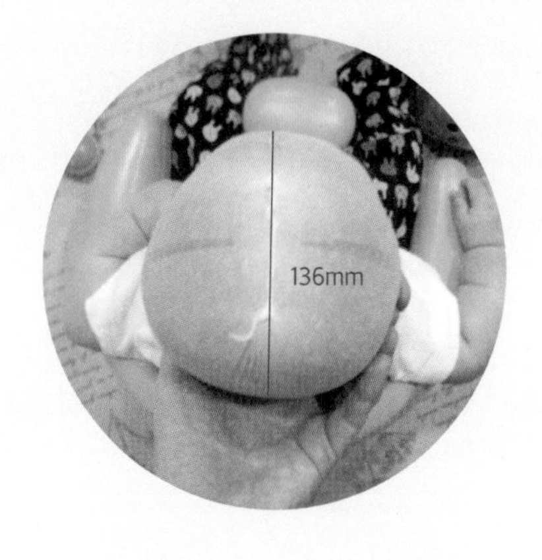

AP	136
ML	137
CIR	430
LT	134
RT	136
비대칭 차이	2

교정 시작
단두 100.7% 사두 2mm

교정 중

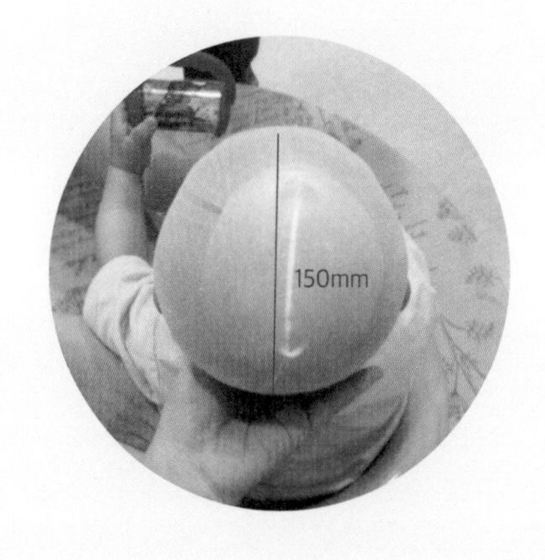

AP	150
ML	137
CIR	462
LT	144
RT	144
비대칭 차이	0

교정 5개월 후
단두 91.3% 사두 2mm

교정 사례 2

59페이지의 교정하기 전 사진을 확인해보면 단두와 사두가 모두 있는 복합형태입니다. 교정 전 데이터를 보면, 머리 앞뒤 길이(AP)가 130mm, 양옆 길이(ML)가 128mm로, 단두가 98.4%, 사두 16mm였습니다.

사두와 단두 모두 교정을 해야 하는 적응증에 속하기 때문에 바로 헬멧 교정을 시작했습니다.

아이와 부모가 열심히 교정해준 결과 4개월 만에 단두는 90% 미만으로 호전되었고, 사두도 16mm에서 11mm로 감소했습니다.

육안으로만 보아도 뚜렷한 호전을 보이고 있습니다. 교정 종료는 사두 수치가 5mm 이내로 줄어야 하니 아직 수개월 더 헬멧을 착용해야 합니다.

교정 전

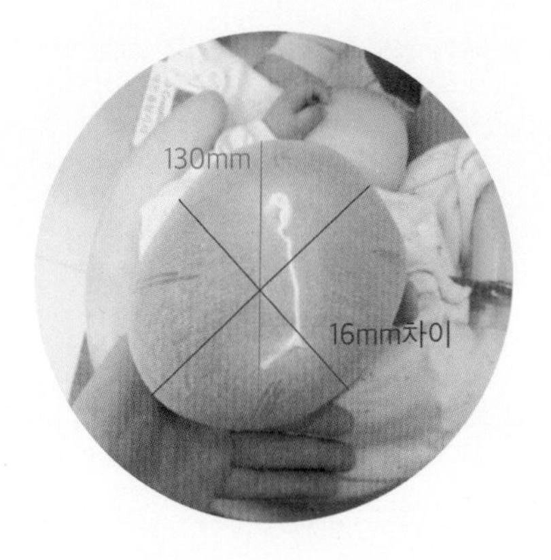

AP	130
ML	128
CIR	410
LT	118
RT	134
비대칭 차이	16

교정 시작
단두 98.4% 사두 16mm

교정 중

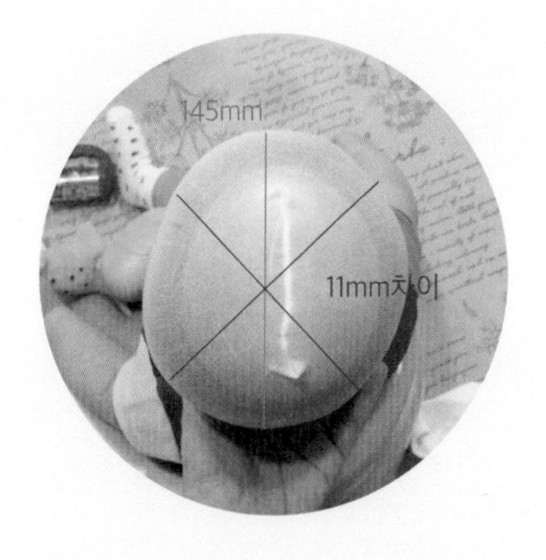

AP	145
ML	130
CIR	446
LT	132
RT	143
비대칭 차이	11

교정 4개월차
단두 89.6% 사두 11mm

교정 사례 3

61페이지의 교정 전 데이터를 보면, 머리 앞뒤 길이(AP)가 133mm, 양옆 길이(ML)가 111mm로, 비대칭 차이가 22mm이었습니다. 그 결과 이마 비대칭이 심했지요.

사진에서도 좌측 앞이마가 더 나와 있는 것을 확인할 수 있을 것입니다. 그래서 바로 헬멧 교정을 시작했습니다.

아이와 부모님이 열심히 교정해준 결과 4개월 만에 사두는 22mm에서 12mm로 줄어들었습니다. 그리고 이마비대칭도 점점 나아졌습니다.

앞에서 언급했지만 사두 수치가 5mm 이내로 줄어야 하기 때문에 수개월 더 헬멧 교정을 진행해야 합니다. 생후 12개월까지 헬멧 교정을 지속한다면 예후가 좋을 것입니다.

교정 전

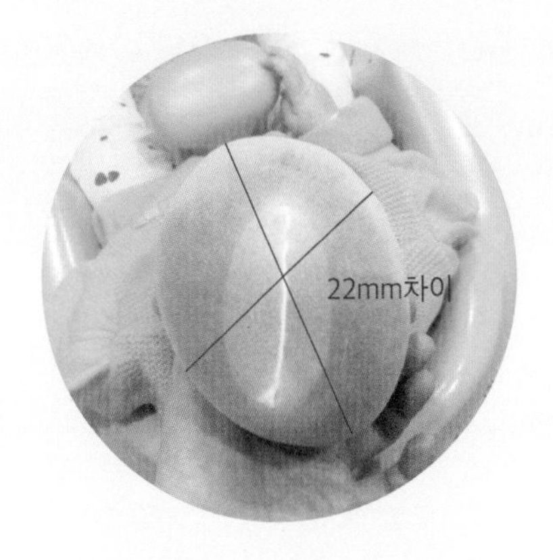

AP	133
ML	111
CIR	393
LT	125
RT	103
비대칭 차이	22

교정 시작
사두 22mm 이마비대칭

교정 중

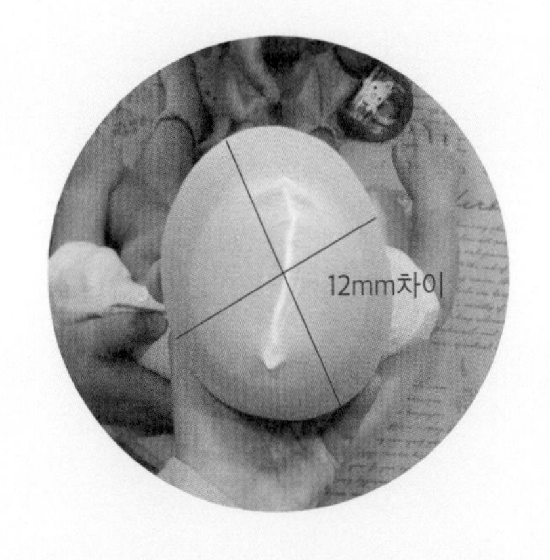

AP	147
ML	120
CIR	428
LT	139
RT	127
비대칭 차이	12

교정 4개월
사두 12mm

교정 사례 4

처음 사두증으로 병원에 내원했을 때 사두와 단두를 측정한 데이터가 63페이지의 교정 전 표에 적혀 있습니다. 아이 머리 앞뒤 길이(AP)가 132mm, 양옆 길이(ML)가 130mm이고, 비대칭 차이가 0이라서 사두증은 아닙니다. 하지만 단두 비율이 98.4%였습니다. 단두증으로 보면 심한 편에 속했지요.

63페이지의 교정 완료 사진은 헬멧 교정 6개월 차에 접어든 것을 찍은 것입니다. 육안으로 보아도 뒤통수가 많이 나왔습니다. 머리 앞뒤 길이를 보면 처음에 132mm에서 6개월 만에 151mm로 19mm가 자랐습니다.

그동안 머리 양옆 길이(ML)는 6mm가 자라, 종료 기준인 90%에 도달했습니다. 그리고 수치를 보면 비대칭 수치가 교정 전 0에서 교정 후 1로 변했는데 이것은 스캐너 측정의 오류라고 생각됩니다.

교정 전

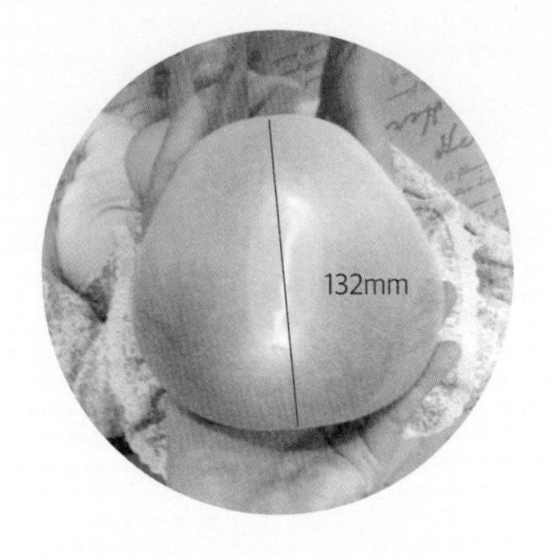

AP	132
ML	130
CIR	420
LT	131
RT	131
비대칭 차이	0

교정 시작
단두 98.4%

교정 완료

AP	151
ML	136
CIR	459
LT	144
RT	143
비대칭 차이	1

교정 6개월
단두 90%

헬멧 교정 절차

(1) 전문의의 진단과 처방

헬멧 교정을 받기 위해선 전문의의 진단이 필수입니다. 사두를 측정하고, 그 측정치에 따라 교정을 시작해야 합니다. 우선 아이가 사두나 단두가 의심된다면 병원에 내원한 뒤 전문의와 상담하는 것이 가장 좋습니다.

그렇다면 아무 병원에 가는 되는 것일까요? 그것은 아닙니다. 모든 소아과 병원에서 교정 치료를 하는 것은 아닙니다. 교정 치료를 하는 소아과 병원을 찾아본 뒤 전문의와 상담하고 검사를 받은 후 헬멧 교정을 치료할지 말지를 결정해야 합니다.

헬멧은 의료기기입니다. 헬멧 교정을 하려면 전문의의 진단과 처방이 꼭 필요합니다.

(2) 헬멧 판매처 선정

일단 헬멧 판매처를 선정해야 합니다. 선정에 필요한 기준들은 여러 가지가 있겠지만 제가 생각하는 가장 중요한 점은 자택과 가까워야 한다는 것입니다. 머리 크기가 자라남에 따라 매달 수정을 받아야 하는데 거리가 멀다면 방문하기가 힘들고, 갑작스런 변수가 생겼을 때 빠르게 대처하기가 힘듭니다.

(3) 헬멧 판매처 방문

헬멧 판매처를 선정했다면 다음은 무엇을 해야 할까요? 의사의 조언과 처방을 받아 헬멧 판매처를 방문해야 합니다. 헬멧 판매처에서 3D 스캔을 받은 후 헬멧 제작에 들어갑니다. 현재 일반적인 헬멧의 제작 기간은 2주 정도입니다.

(4) 헬멧 교정 시작

헬멧 제작이 완료되면 헬멧을 수령하여 착용하기 시작합니다. 처음엔 하루 1시간씩 시작하면서 적응기를 갖고, 그 후에는 하루 2시간, 그 후에는 4시간 이런 식으로 시간을 늘려가며 최종적으로는 하루 20시간가량 착용하는 게 가장 좋습니다.

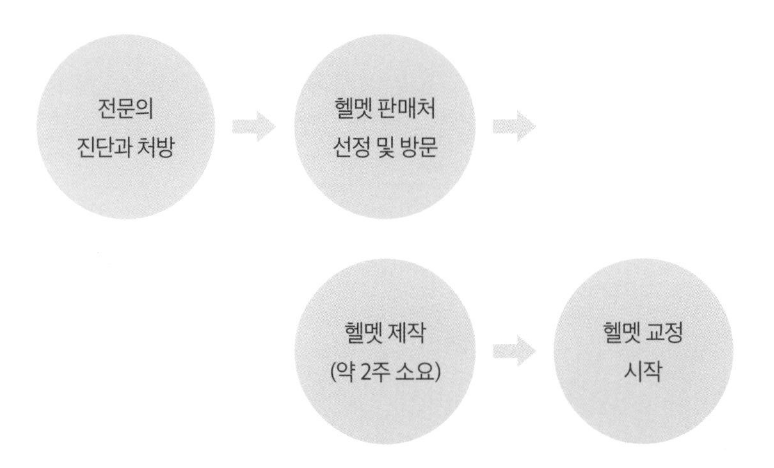

헬멧 판매처

각 헬멧 판매처마다 장단점이 있기 때문에 어느 헬멧이 좋다라고 말씀드릴 수 없습니다. 단 팁을 드리자면, 머리 크기가 자람에 따라 매달 수정을 받아야 하므로 거리가 가까워 접근성이 좋은 헬멧 판매처를 선정하는 것이 좋습니다. 가격은 보통 200~350만 원 사이입니다.

● 지오헬멧

지오헬멧은 2008년 국내 최초로 식약처에서 아기의 두상교정용 의료기기로 제조 허가받은 제품으로 미국의 NAMSA(시험기관)의 세포독성, 감작성, 피부 자극성 등 제품 안정성 시험을 통과하였으며, 서울 본사와 대전에 충청지사, 광주에 호남지사, 부산에 부산 지사 등 전국적인 판매망을 갖추고 있습니다. 캐나다 테크메드(Techmed) 사의 3D스캐너를 통해서 아이 두상에 맞춰 헬멧을 제작하여 땀이 덜 나고 가볍습니다.

지오헬멧에서 새롭게 업그레이드된 밸크로 부분
(사진 출처 지오헬멧 홈페이지)

● 하니헬멧

다양한 색과 수십 가지 무늬가 있는 헬멧을 제작하는 하니헬멧은 2006년에 국내에서 처음으로 미국에 건너가 두상교정 교육을 받은 회사 대표가 공인 의지보조기기사 자격증을 취득했고, 직접 개발한 하니스캐너를 통해 맞춤형으로 헬멧을 제작하여 땀이 덜 나고 가볍습니다. 가산과 판교에 센터를 두고 있습니다.

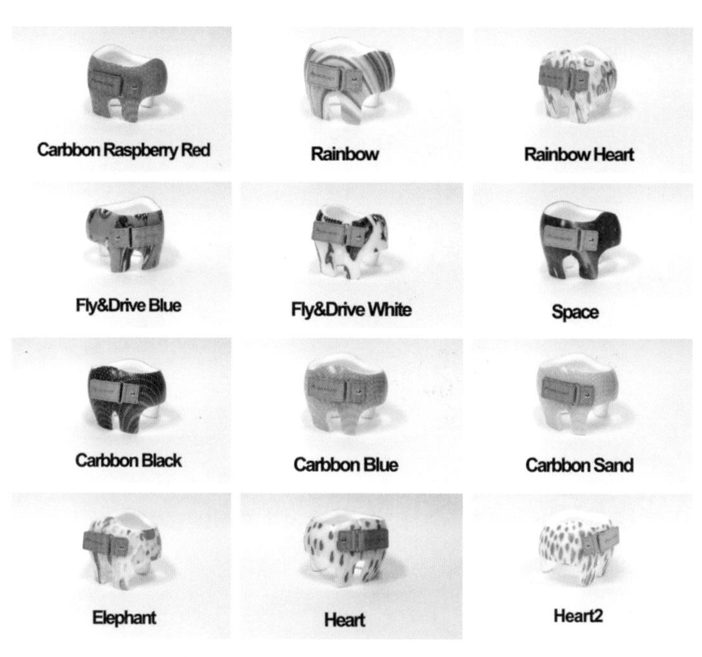

수십 가지 무늬가 있는 헬멧을 제작하는 하니헬멧
(사진 출처 하니헬멧 홈페이지)

● 아이사랑두헬멧

아이사랑두헬멧은 교정모의 맞춤형 제작뿐만 아니라 헬멧의 외부 패턴 디자인 선택에서 벨크로 색상 선택까지 개인의 취향까지 고려한 제품을 제작하고 있습니다. 2020년 '유아용 두상 교정모 및 그 제작 방법'이라는 내용으로 특허를 획득해 헬멧이 땀이 덜 나고 가볍습니다. 현재 대구와 부산 2곳의 센터를 운영하고 있습니다.

다양한 헬멧을 판매하고 있는 아이사랑두헬멧
(사진 출처 아이사랑두헬멧 홈페이지)

● **경북대학교 연계업체**

경북대학교 성형외과에서 진료 후에 연계된 업체에서 헬멧을 제작합니다. 다른 업체보다 가격 면에서 부담이 적다는 장점이 있습니다.

※ 헬멧 판매처에 대한 정보는 헬멧 교정에 고민하시는 부모들에게 도움을 드리고자 넣은 것입니다. 헬멧 판매처의 사진과 텍스트는 판매처에서 보내주신 것으로 저자와 출판사 의견과 다를 수 있습니다.

10
사두증과 단두증에 관한 Q & A

01 사두증과 단두증을 치료하지 않으면 어떤 문제가 생길까요?

안면비대칭이 심하지 않은 사두증과 단두증은 생명이나 통증과는 그다지 관련이 없습니다. 사두증과 단두증이 있다고 해서 지능이나 성장 발달에 영향을 주는 것도 아니지요.

하지만 사경으로 인한 안면비대칭이라면 훗날 아이가 청소년이나 성인이 됐을 경우 척추 질환으로 진행될 소지가 있습니다. 예전과는 달리 요즘 척추 질환을 앓고 있는 이들이 많습니다. 그리고 외적으로 보이는 미(美)에 대한 문제가 발생할 수 있지요. 앞으로 외모의 중요도는 점점 높아질 것이고, 그 대응에 맞춰 조기에 교정을 해주는 것이 좋지 않을까 합니다. 외모 콤플렉스는 훗날 아이에게 큰 상처가 될 수도 있습니다.

02 사두증과 단두증은 셀프 자세 교정과 헬멧 교정을 통해 호전될까요?

물론입니다. 사두증과 단두증을 치료하기 위해 교정을 하는 것이니까요. 특히 사두증으로 인한 안면비대칭은 셀프 자세 교정이나 헬멧 교정을 통해 치료할 수 있습니다. 생후 4개월 미만인 경우 셀프 자세 교정을, 생후 4개월 이상 대칭 비율이 11mm 이상이면 헬멧 교정을 하지요. 특이 이마비대칭의 경우 교정을 통해 호전될 가능성이 높습니다.

그러나 광대뼈 부위는 이마비대칭보다 효과가 적을 수는 있습니다. 헬멧이 광대뼈를 감쌀 수 없기 때문에 교정이 완료되더라도 비대칭이 남아 있을 수 있지요. 그러나 제 경험상 헬멧 교정을 받은 아이들은 광대뼈비대칭도 많이 호전되는 경향을 보였습니다.

03 헬멧 교정의 적절한 시기는 언제인가요?

보통 생후 4~6개월에 착용을 하게 되는 경우가 많습니다. 목을 가눌 수 있는 상태에서 착용해야 하고, 머리가 가장 빨리 자라는 시기이기 때문에 그때가 교정에 대한 효과가 가장 높습니다.

04 아토피로 피부 트러블이 있는데 헬멧 교정을 받아도 될까요?

물론 가능합니다. 아토피가 있더라도 피부 상태에 따라 착용 시간을 조절하면 되니깐 크게 걱정하지 않으셔도 될 것입니다. 땀이 많은 아이도 헬멧을 착용해 좋은 효과를 얻었기 때문에 헬멧 교정을 하는 데 큰 문제가 없을 것입니다.

05 헬멧 교정 중 열감기에 걸리면 어떻게 해야 할까요?

헬멧 교정 중 아이가 감기에 걸렸다고 해서 착용을 못할 이유는 없습니다. 다만 38℃ 이상의 발열을 보인다면 발열이 호전될 때까지 착용을 중단하고, 발열의 원인에 대해선 소아과 병원에 내원해 아이의 상태를 확인 하셔야 합니다.

06 헬멧 교정을 하는 와중에도 셀프 자세 교정처럼 고개를 돌려줘야 하나요?

그렇지 않습니다. 셀프 자세 교정은 헬멧 교정을 하기 전 가정 내에서 할 수 있는 교정 방법이라고 할 수 있습니다. 사두 측정치가 심해서 헬멧 교정을 하기 시작했다면 자세 교정은 신경을 쓰지 않으셔도 됩니다.

07 헬멧을 착용하는데 피부에서 진물이 나와요. 괜찮아질까요?

피부에 발적이 일어났다면 잠시 헬멧 착용을 중단하는 것이 좋습니다. 그리고 접촉성 피부염은 접촉 대상이 없으면 다른 후유증 없이 회복됩니다. 피부 상태가 좋아지면 다시 헬멧을 착용해보세요. 물론 피부 상태에 따라 착용 시간을 적절하게 조정하는 것이 좋습니다.

08 헬멧을 착용하고 역류 방지 쿠션에 재워도 되나요?

가능합니다. 헬멧을 착용한 상태에서도 역류 방지 쿠션에 재우셔도 됩니다. 더불어 특별히 주의해야 할 자세도 없습니다.

09 헬멧을 착용하기 전 면포를 꼭 씌워야 하나요?

면포는 아이의 피부를 보호하거나 땀을 흡수하기 용도일 뿐이지 꼭 씌울 필요는 없습니다. 특히 면포로 감싸는 것을 싫어하는 아이들이 많습니다. 다만 피부를 보호하는 차원에서 머리를 감싸는 것일 뿐입니다. 반드시 씌우는 것은 아닙니다.

⑩ 많은 고민 끝에 헬멧 교정을 하지 않기로 결정했습니다. 앞으로 주의할 점이 있나요?

헬멧 교정은 아이에게나 부모에게 부담이 큰 교정 방법입니다. 시간도 오래 걸릴 뿐만 아니라 비용적인 부분도 무시하지 못합니다. 그래서 선뜻 헬멧 교정을 선택하기가 힘드셨을 겁니다. 많은 고민을 한 결과 하지 않기로 결정하셨다면 그 선택도 충분히 존중받아야 할 것입니다.

우리 부모 세대는 셀프 자세 교정이나 헬멧 교정 없이도 아이들을 건강하게 잘 키워내셨습니다. 오랜 고민 끝에 헬멧 교정을 하지 않기로 결정을 내렸다면 머릿속에서 교정이라는 단어를 싹 지우시고 스트레스를 받지 않으시기 바랍니다.

2019년 2월 세종 맘스스토리 산모교실에서 사두증과 귀 연골 이상,
사경에 대해 설명하고 있는 저자 손근형

신생아를 두고 있는 맘들은 아이의 머리와 귀 모양 그리고 바른 자세에 대해 관심이 많다.
그것이 곧 아이의 미래상을 결정하는 기준이 될 수도 있다는 점을 인식하기 때문이다.

CHAPTER

02

귀 연골 이상

01
귀 연골 이상이 뭐예요?

귀티가 나는 귀를 가지면

어르신들은 관상을 중히 여기곤 하지요. 특히 우리나라에선 귀의 모양을 중요하게 여기는데 귀가 잘생기면 보통 명예와 재물 복이 있다고 합니다. 물론 귀가 잘생겼다고 노력하지 않아도 모든 권세를 잡는 것은 아니지만 그래도 귀가 잘생기면 나름 유리한 일들이 많이 생깁니다. 그래서 어르신들은 잘생긴 귀를 가진 아이에게 칭찬의 뜻으로 이런 말도 건네지요.

"그놈 귀가 참 잘생겼네!"

제가 처음 소아청소년과 전문의라는 타이틀을 쥐고 세상 밖으로 나와 진료하기 시작했을 때도 귀에 대한 질문을 이렇게나 많이 받을 줄을 몰랐습니다. 귀에 대한 공부라고는 중이염 정도였는데 막상 소아청소년과 의사로서 진료를 해보니 많은 부모들이 귀에 대해 많은 관심을 가지고 있었던 것이지요.

열 명 중 두세 명 정도가 귀 연골 이상

처음 전문의로서 진료를 본 곳이 산부인과 병원이었으니, 신생아를 보는 일이 그만큼 많았던 탓도 있을 겁니다. 신생아를 진료해보면 귀 연골의 모양이 이상한 경우가 많았습니다. 열 명 중 두세 명 정도가 차이는 있지만 귀 연골에 이상이 있었습니다.

이런 부분에 대해 많은 부모들이 질문을 하셨지만 저의 대답은 사두증과 같았습니다. 때가 지나면 모양이 잡히고 괜찮아질 테니 너무 걱정하지 말라는 형식적인 답변뿐이었습니다. 진짜 그런 것인지 아니면 아닌 건지 확신도 하지 못하고 애매한 답변을 해드리는 정도였던 것입니다.

하지만 지금은 답변을 정확하게 드릴 수 있습니다. 귀 연골의 이상이나 접힘은 시간이 지나도 정상적인 귀 모양으로 돌아오지 않는다는 것입니다. 물론 변형 정도에 따라서 만져주면 자연스럽게 펴지는 귀도 있습니다. 그러나 그런 귀는 그중 일부이고, 대부분은 접혀 있는 형태로 자랍니다.

귀 연골 이상은 대부분 그대로 굳을 뿐 펴지지 않는다

가끔 인터넷 검색을 하다 보면 많은 부모가 귀 연골 이상에 대해 상담하

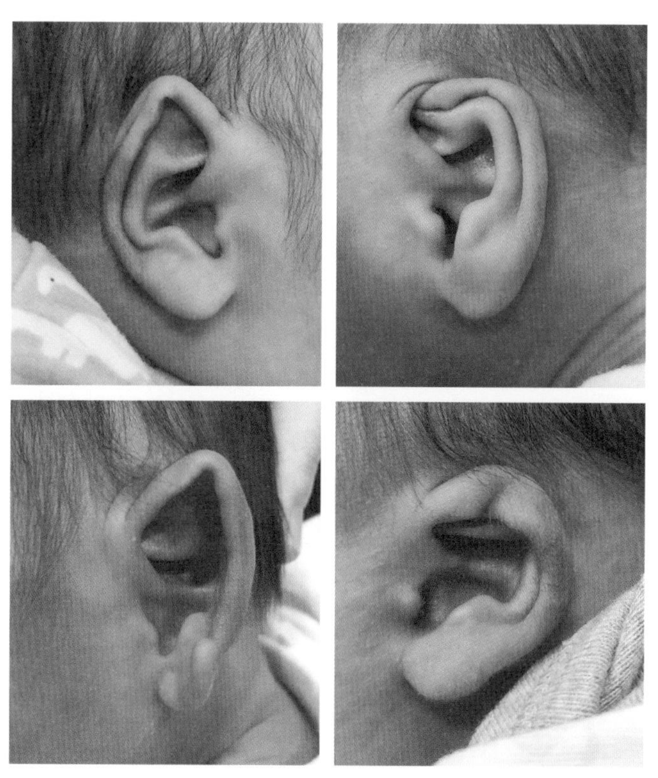

신생아 열 명 중 두세 명 정도는 귀 연골 이상이거나 접힘 증상이 나타난다.

는 사례가 많았습니다. 그에 대한 답변으로, 신생아 때 귀가 접혀 있었는데 시간이 지나니 정상이 됐다는 글도 찾을 수 있었지요.

소아청소년과 전문의 입장으로 말씀을 드리자면 시간이 지나서 펴지는 귀는 일부이며, 절반 이상은 대부분 접힌 채로 연골이 굳는다는 점입니다. 간혹 귀가 눌리거나 접혀 온 아이들을 보면 어머니 혹은 아버지도 비슷한 귀 모양을 갖고 계신 경우도 많았습니다.

제가 "어머님도 비슷한 귀 모양이시네요"라고 하면 그 어머니는 "네. 저도 저희 어머님께 여쭤보니 저절로 펴질 줄 아셨다고 하셨어요"라고 웃으며 얘기해주더군요.

귀를 교정한다고? 왜?

제가 처음에 귀 교정을 시작할 때만 해도 귀 교정에 대해서 아시는 분들이 많지 않았습니다. "귀를 교정한다고? 그것이 가능한 일인가?"라고 생소한 듯 의문을 품었고, 지금도 많이 그렇게 생각하고 있습니다.

특히, 많은 부모들이 아이의 귀가 접혔거나 눌려 있다는 것조차 모르시는 분들도 많았습니다. 진찰을 하면서 귀가 접힌 부분에 대해서 설명을 드리면 그제야 "아! 그렇군요" 하고 알게 되는 경우가 흔하지요.

귀의 해부학적 구조

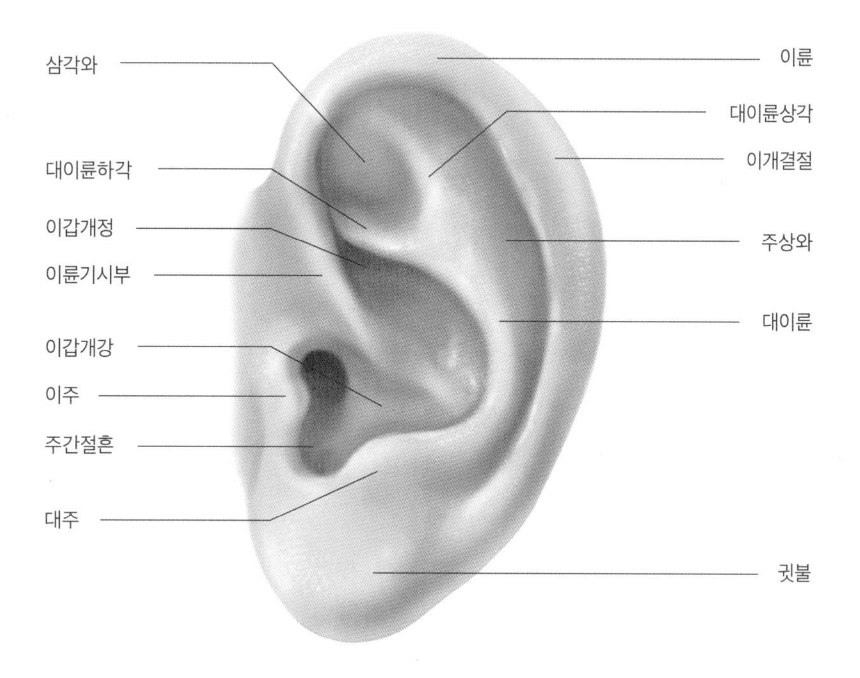

최대한 빨리 교정을 시작하는 게 좋다

귀 교정을 오랫동안 하면서 느낀 점은 교정의 시작점이 가장 중요하다는 것이었습니다. 최대한 빨리 발견해 교정을 시작하면 정상에 가까울 정도로 귀 모양을 만들 수 있지만 그 타이밍이 늦으면 연골이 굳어 손댈 수조차 없어집니다.

가장 아쉬운 점은 일찍 교정했다면 아주 예뻐질 수 있는데 연골이 굳어 교정이 쉽지 않을 때 내원해주시는 경우입니다. 그래서 많은 분들이 허탈해합니다.

제 마음 같아서는 어떻게든 해드리고 싶지만 그 과정이 쉽지 않기에 시작조차 하지 못할 때도 있습니다. 이럴 때는 부모도 그렇지만 저도 매우 안타깝습니다.

02
귀 연골 이상의 종류는?

귀의 유형

귀 연골 이상을 가진 환아들을 진료하다 보니 몇 가지 유형으로 나눌 수 있었습니다. 요정귀라 불리는 박쥐 귀, 돌출귀라 불리는 당나귀 귀, 컵귀라고 불리는 구겨진 귀, 부분적으로 접힌 귀, 매몰귀 등이 있습니다. 그럼 우선 박쥐 귀부터 알아볼까요?

1) 박쥐 귀

박쥐 귀는 요정귀나 뾰족귀라고도 하는데 귀의 상단 부분이 뾰족하게 솟아 있는 형태입니다. 연골이 둥그렇게 곡선을 그려야 하는데 각이 진 형태를 띠고 있지요. 이런 귀는 시간이 지난다고 해서 저절로 펴지지 않습니다.

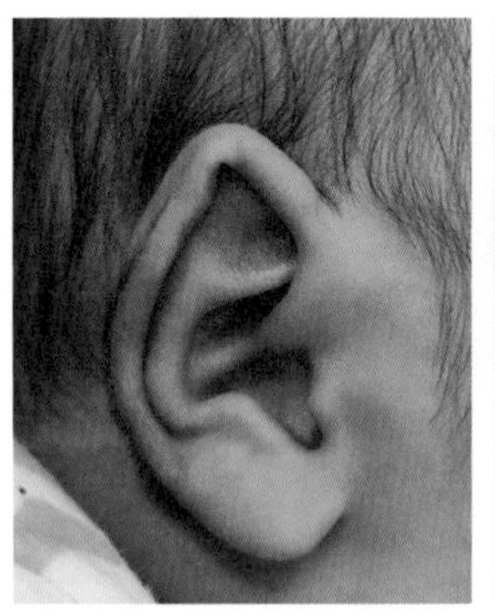
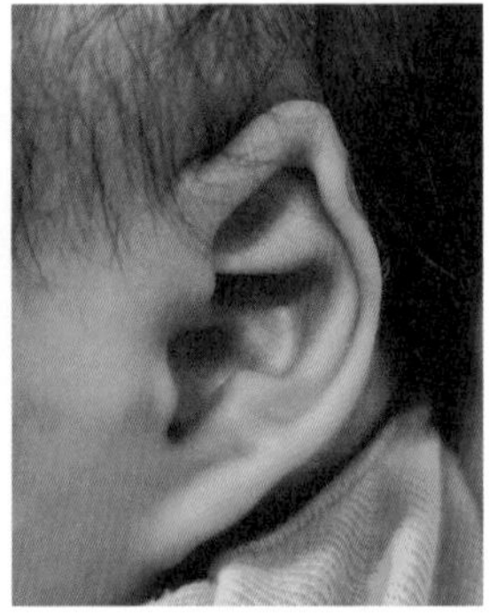

박쥐 귀는 귀의 상단 부분이 뾰족하게 솟아 있는 형태를 말한다.

2) 당나귀 귀

당나귀 귀는 돌출귀라고도 하는데 귀의 구조 중 대이륜상각이 적절하게 자리를 잡지 못하고 펴져서 귀가 앞으로 돌출된 형태입니다. 오히려 귀가 너무 몸에서 붙어도 문제지만 너무 바깥쪽으로 돌출이 되어도 문제라고 할 수 있지요.

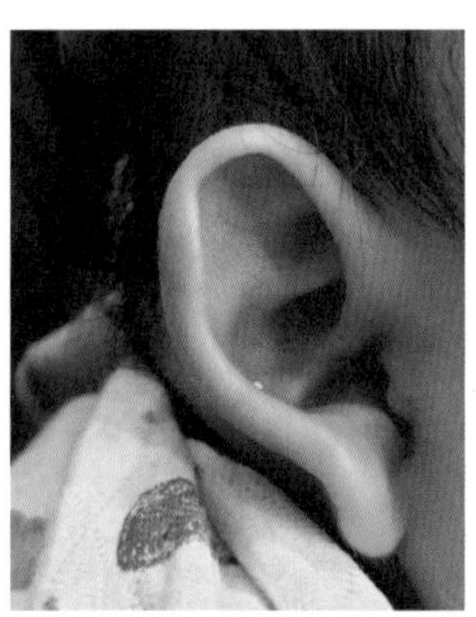
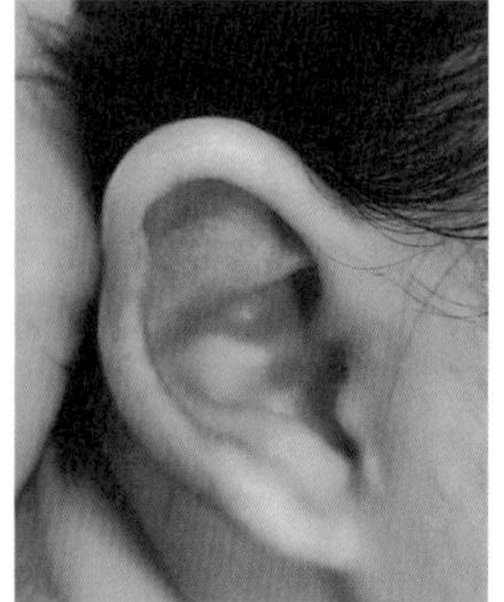

당나귀 귀는 귀가 앞으로 돌출되어 있는 형태를 말한다.

3) 구겨진 귀

컵귀라고도 불리는 구겨진 귀는 이륜이 안쪽으로 구겨진 형태를 말합니다. 귓바퀴의 둥근 외측을 이륜이라고 하지요. 이런 귀는 최대한 빨리 교정을 받으면 거의 정상으로 돌릴 수 있으나 생후 1개월만 지나도 연골이 굳기 때문에 예후가 좋지 않을 수도 있습니다.

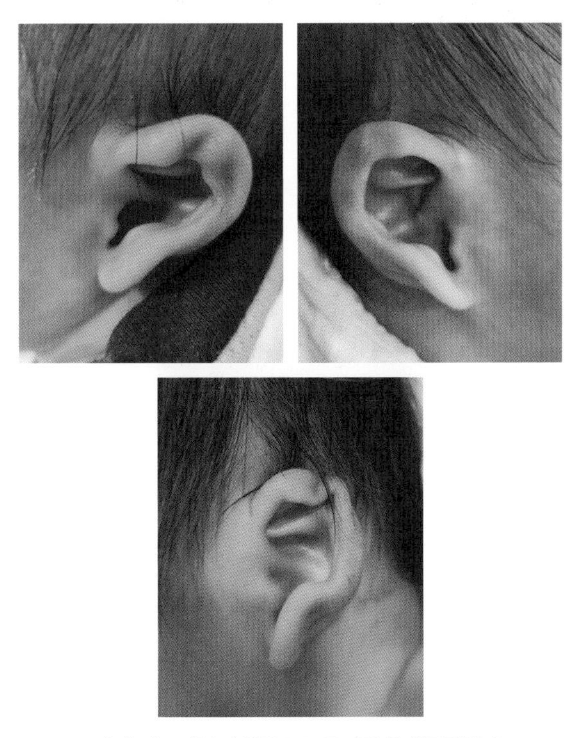

구겨진 귀는 이륜이 안쪽으로 구겨진 형태를 말한다.

4) 부분적으로 접힌 귀

부분적으로 이륜의 일부가 접힌 귀 형태를 말하는데 범위는 부분적이지만 귀를 교정할 때 시간이 오래 걸립니다. 만약 교정을 받지 않으면 시간이 지나도 저절로 펴지지 않고 그 상태로 굳게 됩니다.

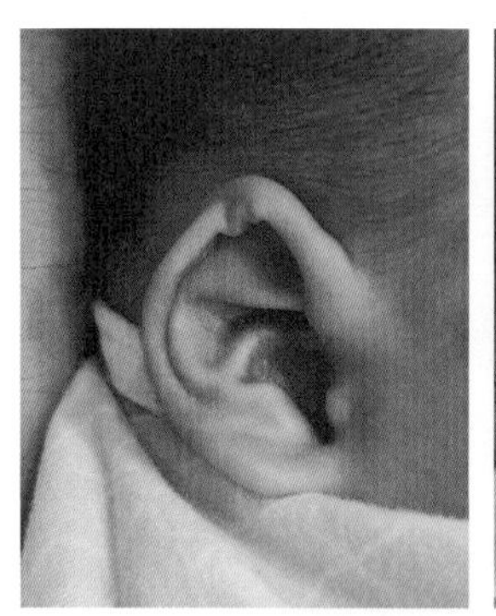
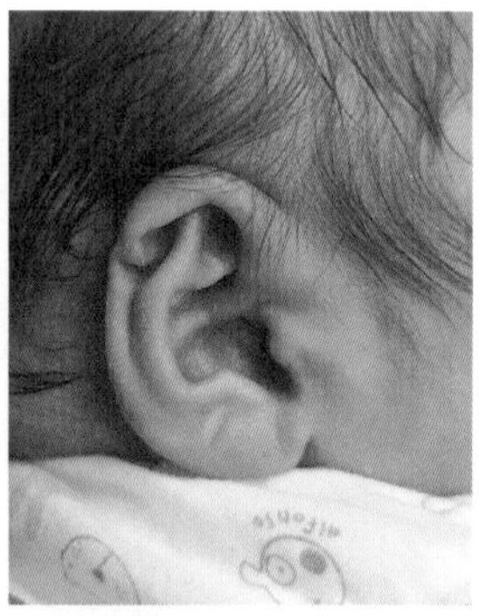
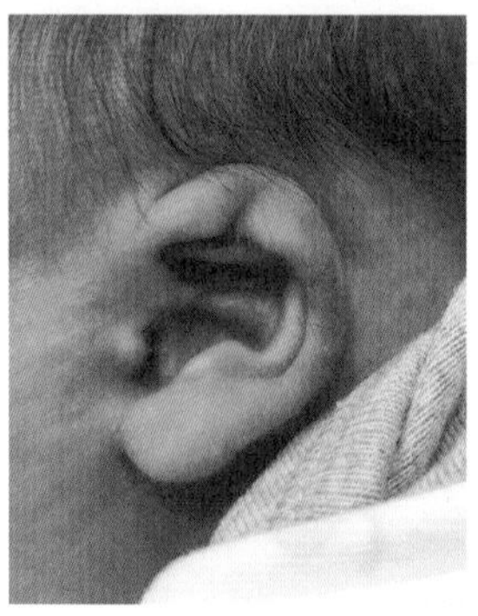

부분적으로 접힌 귀는이륜이 부분적으로 접힌 형태를 말한다.

5) 매몰귀

귀 연골 이상 중 가장 심한 귀 형태라고 할 수 있는 매몰귀의 경우 연골의 일부가 살 속에 매몰이 되어 있습니다. 힘을 줘서 빼면 일시적으로 나오지만 곧 다시 매몰이 됩니다.

이 상태로 연골이 굳으면 나중에 안경이나 선글라스를 쓰지 못하는 기능적인 문제가 생깁니다. 매몰귀는 조기에 발견해 바로 교정을 받으면 정상적인 귀로 탈바꿈되는 드라마틱한 효과를 얻을 수 있을 것입니다.

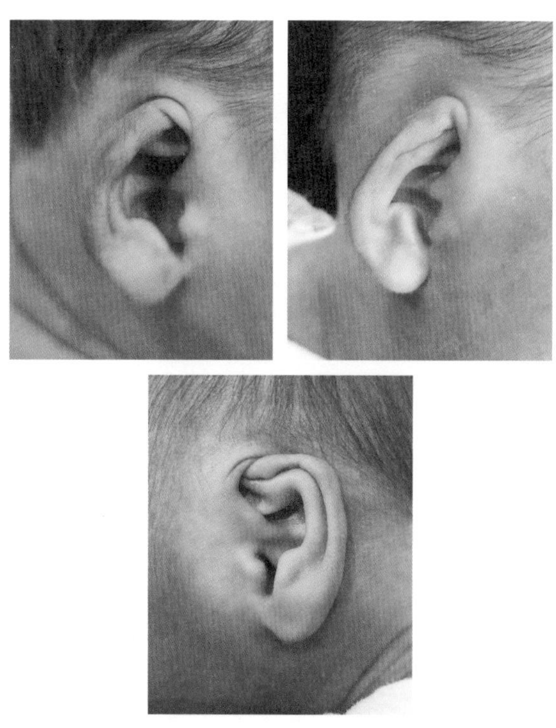

매몰귀는 연골의 일부가 살 속에 매몰되어 있는 형태를 말한다.

03

귀 교정을 받는 적당한 시기는?

귀 교정은 최대한 빨리, 발견하자마자

귀 교정을 받는 가장 좋은 시기는 최대한 빨리, 발견하자마자입니다. 태어난 후 귓바퀴 연골은 말랑말랑한 상태입니다. 이렇게 말랑말랑할 때는 형태를 만들기가 쉽습니다.

그러다 보니 교정 기간도 짧고, 예후도 좋습니다. 그런데 귀의 연골이 조금만 딱딱해져도 교정 기간이 급격히 늘어나고, 피부 트러블이 잦습니다.

결과 또한 빨리 교정을 시작한 경우보다 좋지 않습니다.

귀의 교정 시기를 놓치면?

귀는 골든타임을 놓치면 쉽게 교정이 되지 않습니다. 앞에서도 언급했지만 귀 연골이 굳으면 잘 펴지지 않기 때문이지요. 어느 정도 자란 후 수술로 교정을 받을 수는 있겠지만 골든타임만 놓치지 않는다면 이런 수술을 받지 않아도 되겠지요.

아이들을 진료하면서 가장 아쉬운 부분이 이 점이지요. 교정의 골든타임을 놓치고 뒤늦게 교정을 위해 내원하신 부모들을 볼 때는 참으로 송구스럽습니다. 부모들도 아쉬워하시지만 저 또한 상당히 아쉽습니다.

이런 경우 부모들 대부분은 주변에서 "왜 이렇게 유난을 떠냐!", "그냥 시간이 지나면 다 펴질 걸 무슨 병원까지 가냐?"라는 말을 들으며 시간을 보냈다고 합니다.

이런 점이 제가 이 책을 집필하기로 마음먹은 중요한 이유기도 하지요.

04

귀 교정은 전문병원에서 받아야 하나요?

수술 없이 귀 교정하는 방법

많은 부모들이 귀 교정은 수술 전문병원에서 받아야 한다고 생각합니다. 귀 연골이 심하게 변형되었다면 앞에서 언급한 것처럼 수술로 교정하는 방법도 있지만 이것은 나중으로 넘겨두는 것이 좋습니다.

제가 이 책을 쓰는 이유는 수술 없이 교정하는 방법을 알려드리는 거니까요. 이 책에선 병원에서 귀 교정을 하는 방법과 가정 내에서 쉽게 귀 교정하는 방법을 중점적으로 소개할까 합니다.

병원에서 귀 교정하는 방법

병원에선 사용하는 귀 교정을 하는 제품은 다양합니다. 예전에는 제품이 한 가지밖에 없었지만, 현재는 여러 회사의 제품이 판매되고 있습니다. 저는 '베이비이어' 라는 제품을 사용해 교정을 하는데 그것에 대해 설명할까 합니다.

실리콘으로 된 가이드를 아이 귀 연골에 넣고 정상적인 귀 형태로 맞추고 테이프로 고정하면 됩니다. 준비물은 실리콘으로 된 가이드와 의료용 테이프입니다. 아래 사진을 참고하시면 도움이 될 것입니다.

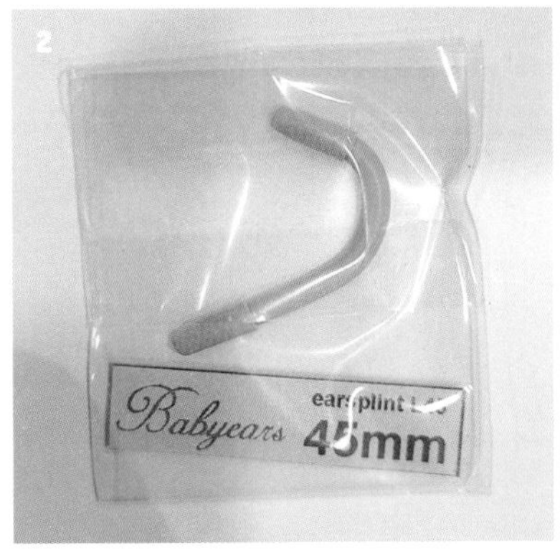

1 실리콘 가이드와 의료용 테이프만 있으면 귀 교정을 할 수 있다.
2 귀의 형태를 잡아주는 실리콘 가이드

잔단은 귀 교정 전문병원에서

매우 간단하지요. 하지만 아이의 연약한 피부에 아무리 독성이 없다고 해도 접착 물질이 들어 있는 테이프로 감아주기 때문에 1주일 이상 테이프로 감고 있으면 피부 발적이나 진물이 생길 수 있습니다.

더불어 아이가 처음 해보는 것이기 때문에 매우 낯설어할 수 있습니다. 그렇기 때문에 처음에는 귀 교정 전문병원에서 교정하는 방법을 배우고 혹시나 피부염이 생기면 병원에서 진료를 받는 것을 추천합니다.

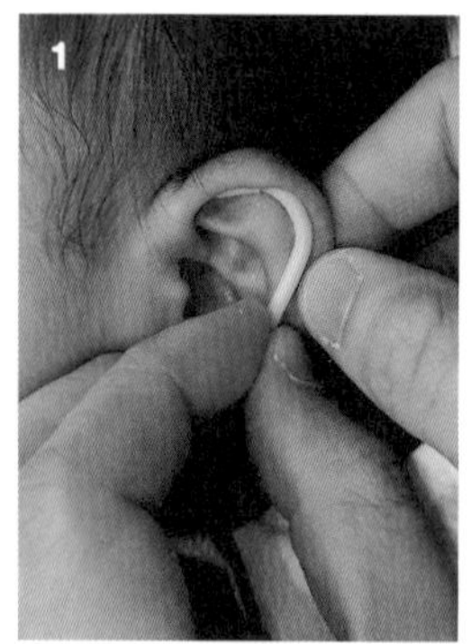

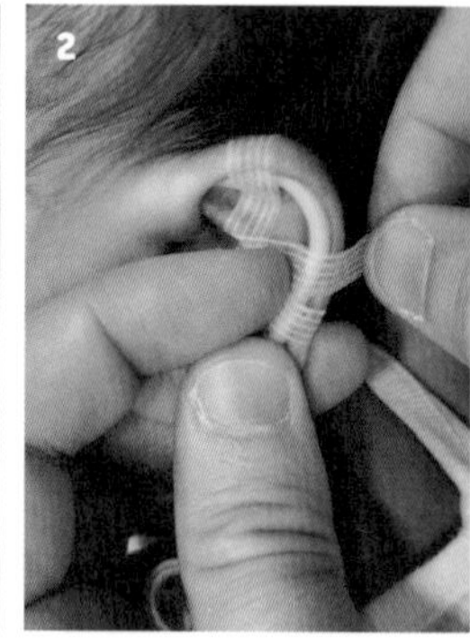

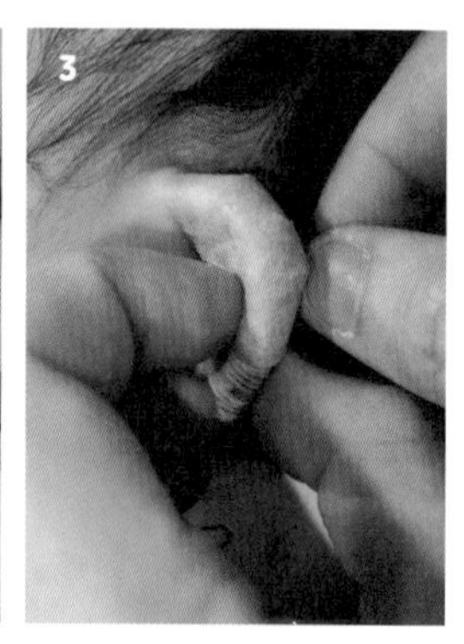

1 아이 귀에 실리콘 가이드를 넣어 정상적인 귀의 형태로 맞춘다.
2 정상적인 귀의 형태로 맞춘 실리콘 가이드에 저자극 테이프를 붙여준다.
3 종이테이프로 한번 더 보강해준다.

05

가정에서 귀 교정을 쉽게 하는 방법이 있나요?

셋째 아들의 귀 연골 이상

제겐 세 아들이 있습니다. 그중 셋째 아들은 저에게 이 책을 내는 데 용기를 주었지요. 하늘의 축복으로 셋째가 태어났는데 귀 연골의 모양이 이상했습니다. 참고로 첫째와 둘째 아들은 귀 모양이 예쁩니다.

저는 셋째 아들의 귀 연골이 이상해도 아직 신생아고, 귀 연골도 말랑말랑하기 때문에 저절로 정상적인 형태가 될 줄 알았습니다. 그래서 생후 5일째까지 그냥 지켜보았지요.

그러나 귀 연골은 저절로 펴지지 않았고 계속 뒤로 젖혀 있었던 것입니다. 96페이지의 사진 속 아이는 제 셋째 아들인데 귀 연골이 뒤로 젖혀 있지요. 이대로 더 두다간 귀 연골이 굳을 것 같아 집에 있는 종이테이프를 귀에 붙였습니다.

이렇게 붙여두고 3~4일 정도 그대로 두었습니다. 목욕을 시킬 때는 물

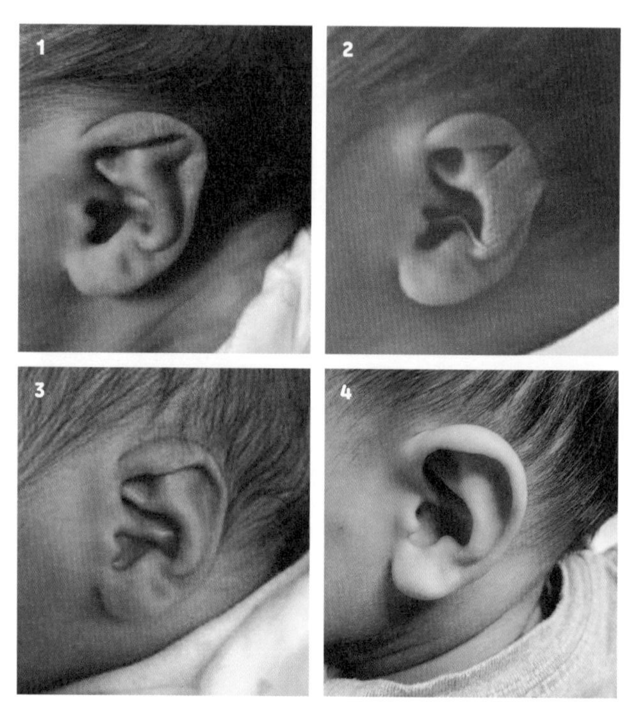

1 태어나자마자 귀 연골과 귀 이륜의 모양이 이상했다.

2 테이프 1장으로 간단히 교정을 한 모습

3 3~4일 정도 테이프를 붙였더니 제 모양을 찾은 아이의 귀 연골

4 만 3세가 된 셋째 아들의 현재 귀 모습

이 최대한 닿지 않게 조심했더니 다행히 잘 붙어 있었습니다. 그 후에 테이프를 뗐더니 아이의 귀 연골이 제 모양을 찾았습니다. 그리고 만 3세인 현재 사진처럼 정상적인 귀 모양을 유지하고 있습니다.

가정 내에서 쉽게 귀 교정을 하는 방법

이처럼 심하지 않은 귀 연골의 이상은 교정기를 이용하지 않고, 집에서 흔히 구할 수 있는 종이테이프를 이용해 교정할 수 있습니다.

그리고 가정 내에서 할 수 있는 또 다른 방법도 있습니다. 휴지만 있으면 가능하지요. 휴지는 어느 집에나 다 있죠? 그 휴지를 돌돌 말아 실리콘 가이드 대신 사용하는 것입니다.

방법 또한 아주 간단합니다. 우선 저는 가위를 이용해 사각 휴지를 4분의 1 크기로 잘랐습니다. 사진으로 보면 가위로 대충 잘랐기 때문에 끝이 일정치가 않죠? 괜찮습니다. 어차피 연필처럼 돌돌 말아줄 테니 정확하게 잘라줄 필요가 없습니다. 다만 단단한 밀도로 말아주시면 좋습니다.

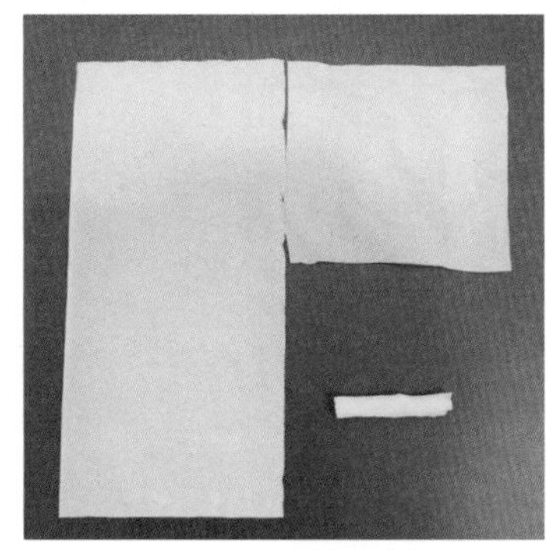

사각 휴지를 4분의 1 크기로 잘라
돌돌 말아준다.

휴지 만 것을 귀 연골에 넣고 테이프로 감아줍니다. 그리고 이틀 뒤에 테이프를 풀어보면 귀 연골의 이상을 교정할 수 있습니다.

간단하게 휴지로 하는 귀 교정 효과

이 방법을 통해 귀를 교정한 아이를 소개할까 합니다. 우선 아래의 교정 전과 교정 후의 사진을 비교해주세요.

교정 전에는 귓바퀴 상단 쪽 굴곡이 동그랗게 말려 있지 않고 솟은 상태에 평평했습니다. 하지만 휴지로 가이드를 만들고 그 위에 종이테이프로 붙여 교정하고 이틀 뒤 테이프를 떼보았더니 귀 연골의 굴곡이 동그랗게 살아나고 완만해졌지요. 그 후에도 이 모양이 계속 유지되었습니다.

귀 연골의 이상이 심하지 않을 경우, 가정 내에서 쉽게 귀를 교정할 수 있습니다. 그러니 시간이 지나면 저절로 돌아온다든가 하는 근거가 없는 말들에 현혹되지 말고 귀중한 골든타임을 놓치지 않기를 바랍니다.

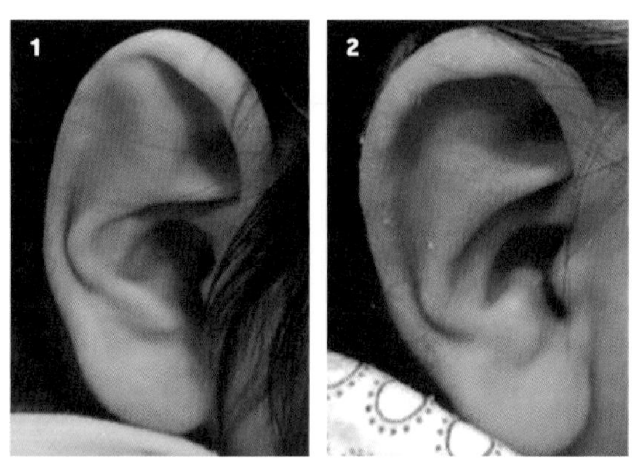

1 교정전 **2** 교정후

06

귀 교정 치료를 받는 중 가정 내에서 주의할 점

최대한 물이 닿지 않게 일상생활을 하도록

귀 교정 치료를 받을 때 주의할 점이 있습니다. 테이프 접착력은 물이 닿으면 떨어지기 때문에 세안이나 목욕할 때 조심해야 한다는 것이지요. 어렵지는 않지만 약간 성가신 일이기도 합니다.

일상생활을 하다 보면 완벽한 방수는 불가능하지만 최대한 닿지 않게 하자는 의미이지요.

며칠이 지나 교정 부위에서 냄새가 난다면 이는 피부에 트러블이 생겼을 가능성이 높으니 바로 테이프를 떼어줘야 합니다. 테이프를 뗄 때는 귀에 붙은 테이프에 물을 묻힌 상태에서 5~10분 정도 두었다가 살살 떼야 합니다.

만약 피부염이 생겼다면 상처 회복 연고를 바르면 대부분 회복되기 때문에 큰 걱정을 하지 않으셔도 됩니다. 후유증이 남는 부작용은 아니지만 아이가 조금 힘들 수는 있습니다.

제 경험상 교정 기간은 월령 기준으로, 대략적으로 교정을 시작할 때의 월령을 생각하시면 됩니다. 저는 생후 1개월에 교정을 시작하면 대략 한 달, 생후 2개월에 교정을 시작하면 대략 두 달 정도 걸린다고 설명을 드립니다. 귀 모양에 따라 그 이상 걸리는 경우도 많습니다.

07
귀 교정에 관한 Q & A

01 귀 교정의 적기는 언제인가요?

빠르면 빠를수록 좋습니다. 특히 귀 연골이 말랑말랑했을 때 교정을 받는 것이 예후가 좋습니다.

02 귀 교정을 시작하면 교정 기간은 어느 정도 걸릴까요?

정확한 기간은 귀 연골의 상태에 따라 달라집니다. 다만 제 경험으로 보아 대략 귀 교정을 시작할 때의 개월이나 나이만큼 교정을 유지하는 것이 좋습니다. 예를 들면 생후 2개월 아이가 교정을 시작하면 2개월, 생후 3개월 아이가 시작하면 3개월 걸린다고 생각하면 좋습니다.

03 귀 교정을 하고 있는데 교정기를 뺀 자리에서 진물이 납니다. 어찌해야 할까요?

잠시 교정기를 풀고 상처 회복 연고를 바른 뒤 상태를 확인합니다. 대부분 연고를 바르면 후유증 없이 호전됩니다.

04 귀 교정기를 착용한 채로 아무렇게나 누워도 되나요?

물론입니다. 귀 교정과 누워 있는 자세는 아무런 연관이 없기 때문에 편안하게 누워 있어도 됩니다.

05 골든타임을 놓쳤는데 다른 방법이 있을까요?

적당한 시기에 귀 교정을 받지 못했다면 수술 치료로 귀를 교정할 수 있습니다. 수술적 치료는 성형외과 혹은 이비인후과에서 시행하는데 아이의 귀 연골이 다 자라는 시기인 대략 만 7세에서 8세 정도에 고려해볼 수 있습니다.

06 실리콘 가이드를 구매해 셀프 교정을 해줘도 효과가 있을까요?

물론 충분히 가능합니다. 이 책을 집필한 이유도 가정 내에서 쉽게 교정할 수 있는 방법을 소개하기 위해서니까요. 하지만 귀 교정 전문병원에서 한두 번 교육을 받은 후에 집에서 해주시면 더 효과가 좋습니다.

07 이 책에서 흰색과 갈색 테이프를 소개하고 있는데 각각 이름이 어떻게 되나요?

피부에 먼저 닿게 되는 흰색 테이프는 '스테리스트립'이라고 하는 의료용 밴드이며 인터넷상에서 구입이 가능합니다. 갈색 종이테이프는 3M 종이테이프입니다. 약국이나 인터넷에서 구입이 가능합니다.

08 교정을 할 때 아이가 너무 우는데 좋은 방법이 없을까요?

신생아일 경우 수유하면서 교정을 하면 아이의 협조도가 높습니다. 병원에서 교정을 받을 경우 분유를 준비해서 가서 교정을 받을 때 먹이면 아이가 낯설어하지 않습니다.

08
귀 교정 사례에 관한 이야기

지금까지 전문병원에서 귀를 교정하는 방법과 가정에서 귀를 교정하는 방법을 소개했습니다. 그렇다면 사례를 통해 실제 효과가 있는지 알아보는 게 순서겠지요.

저는 소아청소년과 전문의로서 수많은 환아를 진료해왔습니다. 그중에서 가장 특이할 만한 사항이 있는 것만 추려 모아봤습니다. 이 자리를 빌려 귀 교정으로 효과를 본 아이들에게 고맙다는 말을 하고 싶습니다. 그 경험치가 이 책을 만드는 원동력일 테니까요.

그럼 사례로 넘어가볼까요?

사례 1

귀 유형 : 구겨진 귀(컵귀)

귀 교정 시작 : 생후 25일

피부 상태가 좋아 바로 교정을 시작했고, 매주 교정 진료를 진행했으며, 총 8주간 소요되었습니다. 교정 전에는 귀의 이륜이 안쪽으로 구겨졌고 솟아 있었습니다. 전체적으로 귀의 형태가 컵이나 물음표처럼 생겼지요. 하지만 교정 후에는 이륜 부분이 많이 완만해졌고, 심한 굴곡의 형태가 C 자처럼 부드러워졌지요. 귀의 형태가 예뻐져서 교정을 완료했습니다.

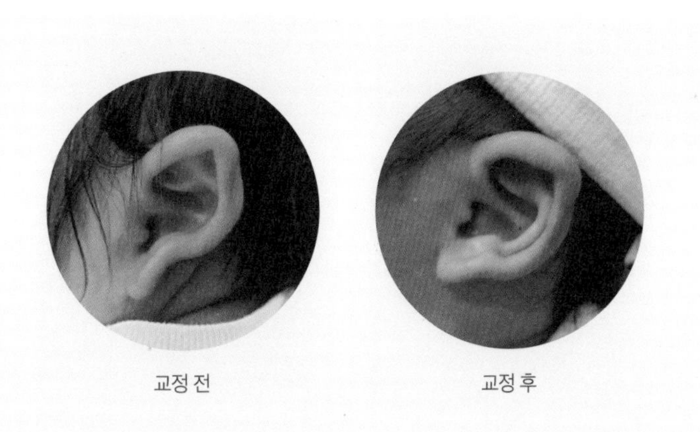

교정 전 교정 후

사례 2

귀 유형 : 구겨진 귀

귀 교정 시작 : 생후 5일

생후 5일에 발견되자마자 즉시 귀 교정을 받기 위해 내원하셔서 바로 교정을 시작했고, 매주 교정 진료를 진행했으며, 총 4주간 소요됐습니다. 교정 전에는 귀의 형태가 눕혀져 있고, 귀의 대이륜상각과 대이륜이 붙어 있었습니다. 하지만 교정 후에는 눕혀져 있던 귀가 돌출되어 귀의 이륜이 완만하게 곡선을 띠고, 대이륜상각과 대이륜 사이도 약간 벌어졌지요. 귀 형태가 좋아져 교정을 완료했습니다.

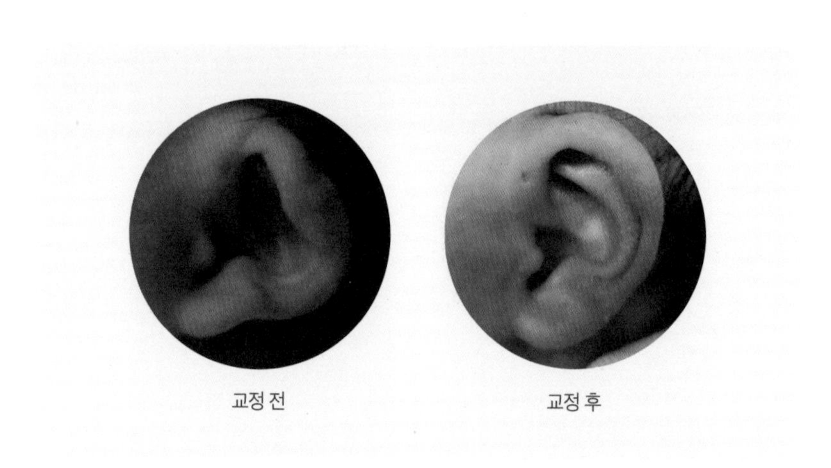

교정 전 교정 후

사례 3

귀 유형 : 매몰귀

귀 교정 시작 : 생후 3개월

생후 3개월에 발견된 경우로, 귀 연골이 매몰이 되어 있었지요. 매몰귀는 진단 즉시 교정을 해야 합니다. 매주 교정 진료를 진행했으며, 총 6주간 소요됐습니다. 교정 전에는 귀가 매몰됐고, 전체적으로 귀의 부분적 요소들의 경계선이 모호했습니다. 특히 이개결절과 대이륜의 구분이 분명치 않았지요. 하지만 교정 후에는 귀의 이륜이 돌출되고, 이개결절과 대이륜의 경계가 생겼지요. 귀의 형태가 좋아져 교정을 완료했습니다.

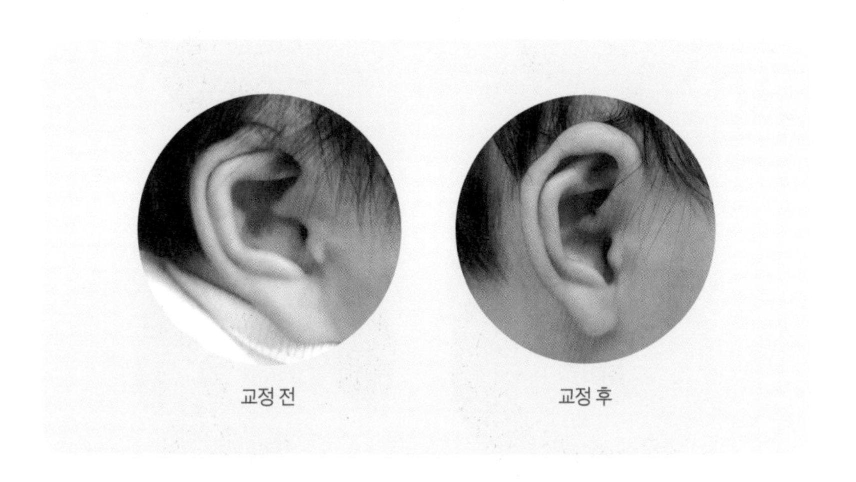

교정 전 　　교정 후

사례 4

귀 유형 : 당나귀 귀

귀 교정 시작 : 생후 2개월

생후 2개월에 교정을 시작한 경우로, 총 8주간 교정했습니다. 교정 이후 대이균상각이 뚜렷해진 것을 확인할 수 있습니다. 뒤에서 보니 귀의 주름도 좀더 뚜렷해졌습니다.

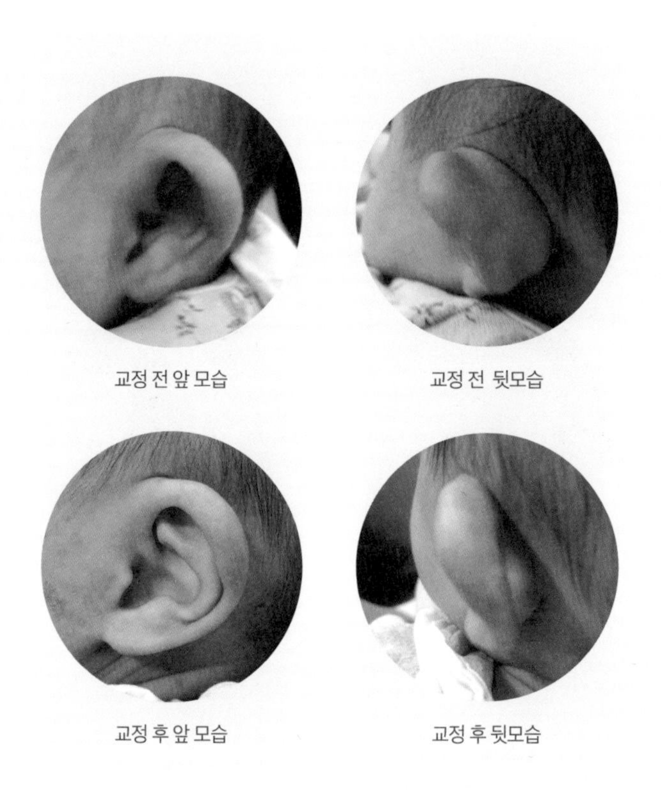

교정 전 앞 모습

교정 전 뒷모습

교정 후 앞 모습

교정 후 뒷모습

사례 5

귀 유형 : 뾰족귀

귀 교정 시작 : 생후 40일

생후 40일에 발견해 바로 교정을 시작한 경우로, 총 8주간 진행했습니다. 귀의 이륜 부분이 뾰족하게 솟아 있고, 부분적으로 이개결절이 접혀져 있었는데 교정 완료 후에는 뾰족했던 이륜 부분이 완만해졌고, 접혀져 있던 이개결절도 펴졌습니다.

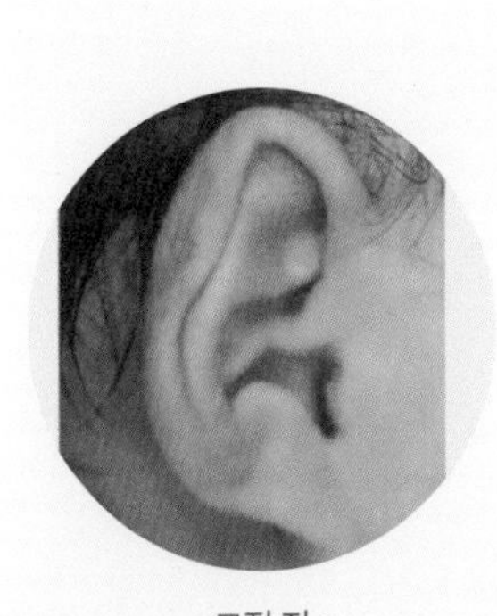

교정 전

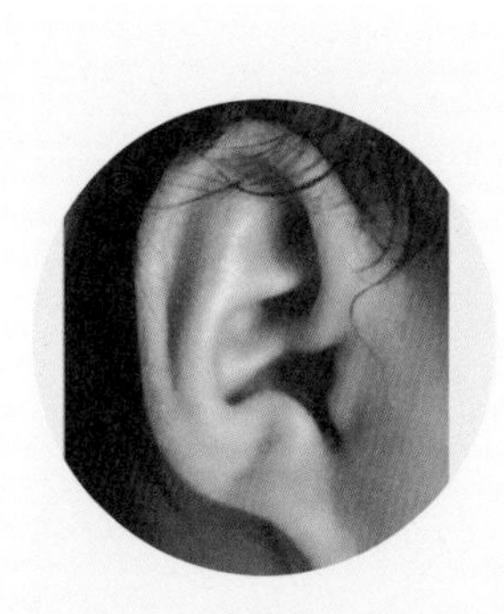

교정 후

사례 6

귀 유형 : 부분적으로 접힌 귀

귀 교정 시작 : 생후 20일

생후 20일에 발견해 어머니가 손으로 만져줘도 그때뿐이고 다시 원래대로 돌아가서 교정을 시작했고, 총 8주간 진행했습니다.

교정 전에는 귀의 이륜이 심하게 접혀 있었고 눌렸지요. 하지만 교정 후에는 귀의 이륜이 완만하게 곡선을 이루고 있고, 눌렸던 부분도 펴졌습니다. 교정 예후가 좋은 편에 속합니다.

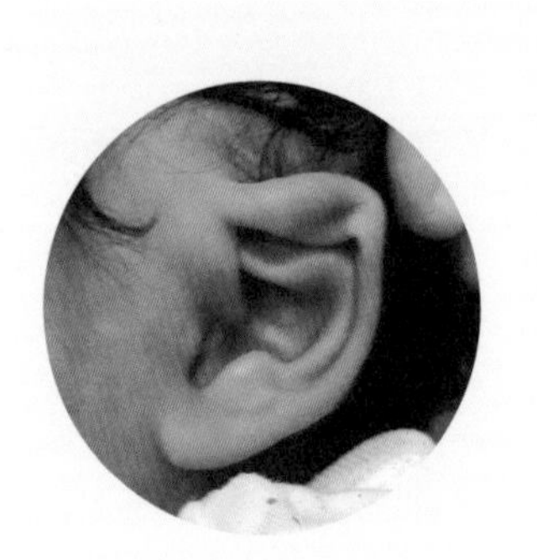
교정 전

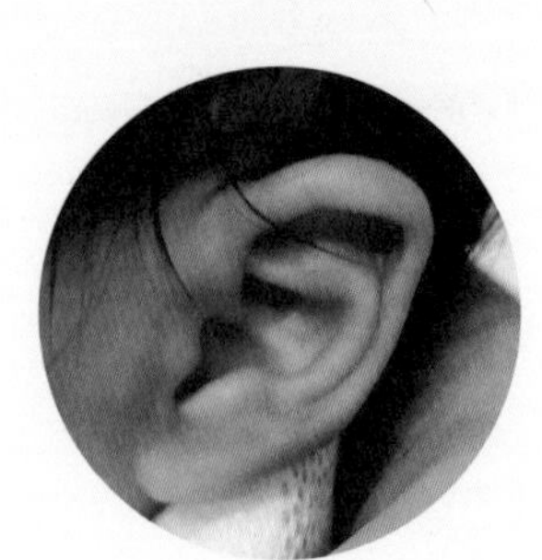
교정 후

사례 7

귀 유형 : 부분적으로 접힌 귀

귀 교정 시작 : 생후 1개월

생후 1개월 때 교정을 시작했지만 교정 과정 중 테이프가 자주 떨어지고, 피부에서 진물이 나 고생을 많이 한 경우입니다. 교정 전에는 귀의 이개결절이 종이를 반으로 접었다가 펼친 것처럼 접혀져 있었습니다. 하지만 교정 후에는 접힌 흔적이 감쪽같이 사라졌습니다. 고생을 많이 했지만 교정 효과가 매우 좋아 부모와 저도 굉장히 만족스러웠습니다. 총 6주간 진행했습니다.

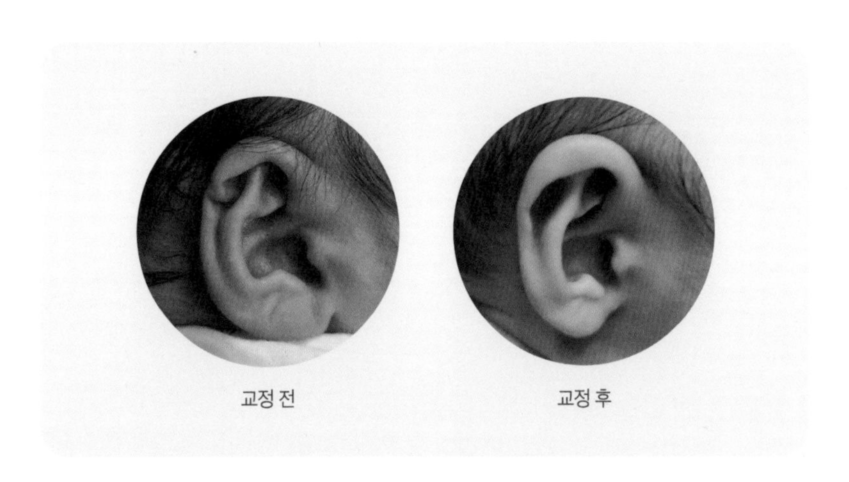

교정 전 교정 후

사례 8

귀 유형 : 매몰귀

귀 교정 시작 : 생후 16일

생후 16일에 귀가 매몰되어 있는 것을 발견했는데 워낙 매몰이 심한 상태였습니다. 특히 피부 조직이 짧아 아프지 않는 선에서 당겨가면서 교정을 진행했습니다. 교정 후 사진을 보면 매몰되어 있는 귀가 밖으로 돌출되어 완만한 곡선 형태를 띠지요. 총 8주간 소요되었습니다.

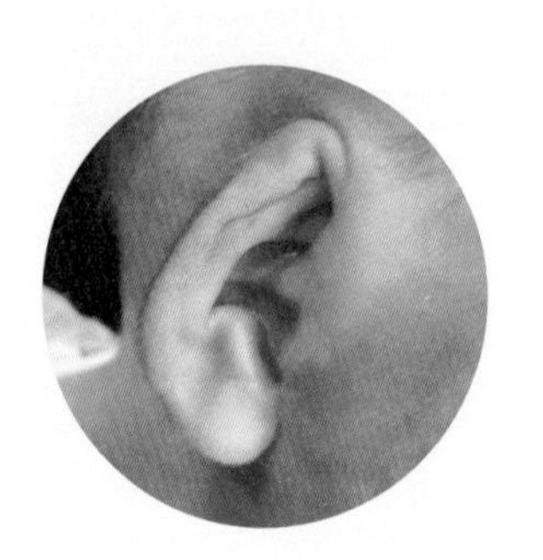

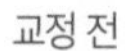

교정 전

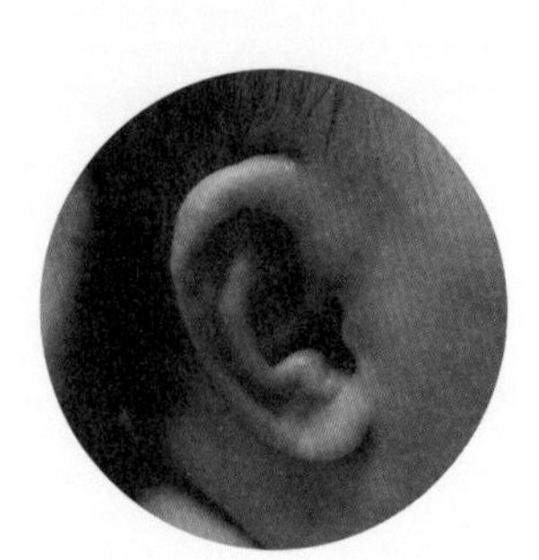

교정 후

사례 9

귀 유형 : 부분적 접힌 귀

귀 교정 시작 : 생후 16일

귀 연골이 눌린 채로 태어나 생후 16일부터 교정을 시작한 경우입니다. 교정 전에는 귀 전체가 눌려 있고, 이륜 부분이 접혀 있었지요. 하지만 교정 후에는 눌렸던 귀가 솟았고, 접힌 부분은 동그랗게 펴졌습니다. 교정 효과가 좋은 편에 속하지요. 총 8주간 진행했습니다.

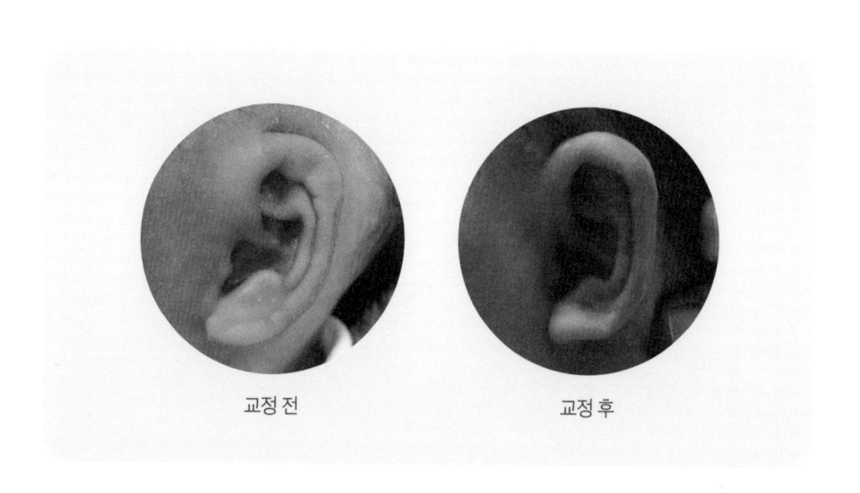
교정 전 교정 후

사례 10

귀 유형 : 당나귀 귀, 뾰족귀

귀 교정 시작 : 생후 1개월

생후 1개월에 발견되어 귀 연골이 말랑말랑한 상태에서 교정을 시작한 경우입니다. 교정 전에는 귀의 이륜이 솟아 있고 뾰족했습니다. 귓불도 편평하지 않고 굴곡이 있었지요. 하지만 교정한 후에는 귀의 이륜이 부드럽게 곡선을 띠고, 귓불도 평평해졌습니다. 전체적으로 좋은 귀 형태로 자리를 잡아 교정을 완료했지요. 총 6주간 진행했습니다.

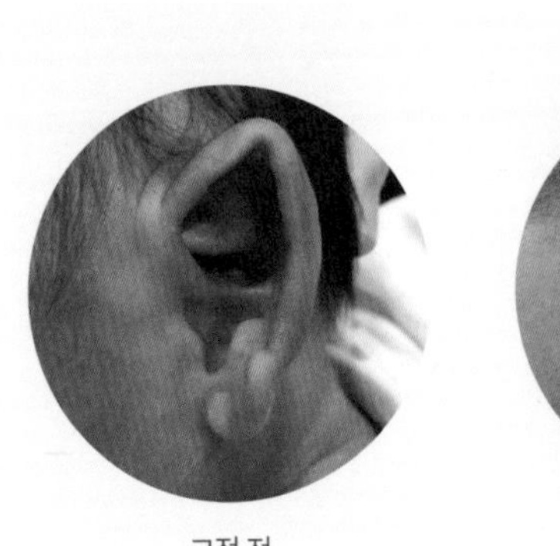

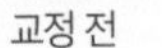

교정 전

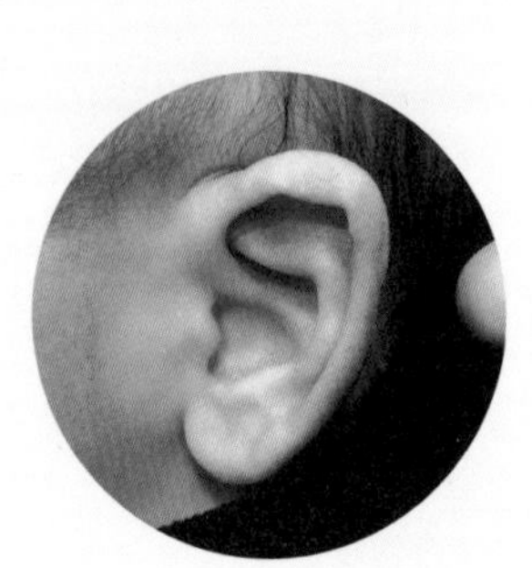

교정 후

사례 11

귀 유형 : 매몰귀

귀 교정 시작 : 생후 3개월

생후 3개월 때 발견했는데 귀의 이륜이 매몰 및 꼬임이 심한 상태였고 귀 연골은 이미 많이 딱딱해져 있어 완벽한 복원은 힘든 상태였습니다.

하지만 교정 후에 매몰되었던 귀의 이륜이 돌출되었고, 다시 매몰이 되지 않은 채로 유지되었습니다. 아쉽게도 골든타임을 놓쳐 예쁜 귀를 만들 수 없었던 경우지만 어느 정도 복원이 가능했다는 점에서 교정 효과가 높다고 할 수 있지요. 총 8주간 진행했습니다.

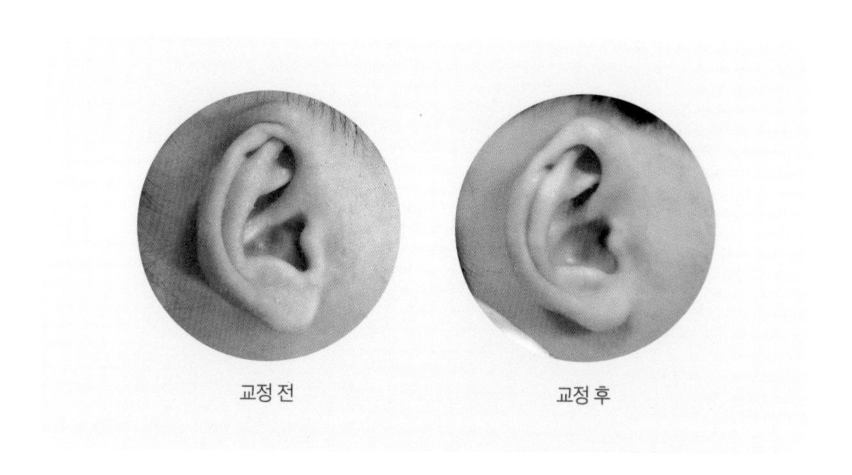

교정 전 교정 후

사례 12

귀 유형 : 매몰귀

귀 교정 시작 : 생후 2개월

생후 2개월 때 귀가 매몰되어 있다는 것을 발견하고 바로 교정을 시작해서 총 4주간 진행했습니다. 교정 전에는 귀가 매몰됐을 뿐만 아니라 뒤로 접혀져 있었습니다. 하지만 교정 후에는 돌출되고 접혀져 있었던 귀의 형태가 전체적으로 볼록하니 완만해졌습니다. 생각했던 것보다 교정 효과가 좋았던 경우라서 부모와 저도 기뻤지요.

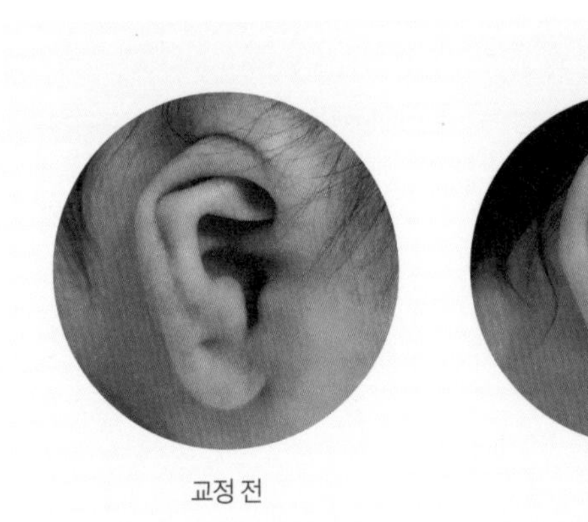

교정 전 교정 후

사례 13

귀 유형 : 뾰족한 귀

귀 교정 시작 : 생후 1개월

생후 1개월 때 양쪽 모두 뾰족한 귀 형태를 보여 양쪽 교정을 시작했습니다. 교정 전에는 양쪽 모두 귀의 이륜이 뾰족했지요. 특히 좌측 귀가 더 뾰족하게 올라와 있었습니다. 하지만 교정 후에는 양쪽 이륜이 완만해졌고, 우측 귀가 접혀져 있었던 부분도 완만해졌습니다.

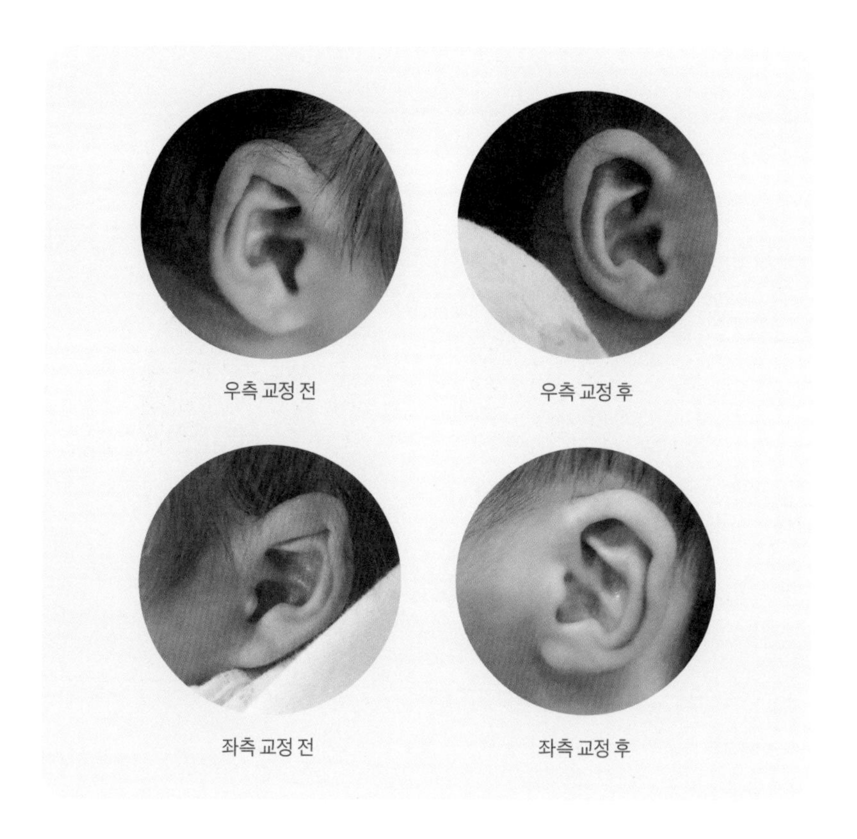

우측 교정 전 / 우측 교정 후

좌측 교정 전 / 좌측 교정 후

사례 14

귀 유형 : 구겨진 귀

귀 교정 시작 : 생후 1개월

생후 1개월 때 좌측 귀 연골이 컵처럼 구겨져 있는 것을 알아채고 교정을 시작했지만 교정 후에는 물음표 형태의 귀가 C자처럼 완만해졌지요. 더불어 이개결절과 대이륜의 경계도 뚜렷해졌습니다. 교정 기간은 총 4주간이었고, 귀 모양이 정상처럼 돌아와 교정을 완료했습니다.

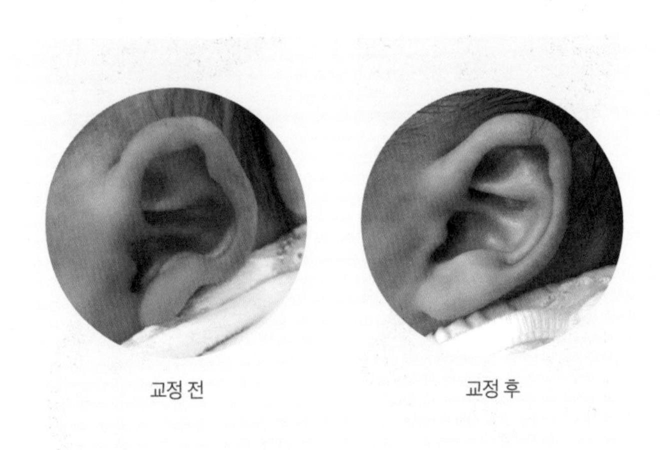

교정 전 교정 후

09
귀 교정 결과는 경우마다 달라요

귀 교정은 시기와 연골 상태에 따라 결과가 다르다

지금까지 귀 교정의 사례를 보여드렸는데 솔직히 교정 효과가 좋은 경우들만을 모은 것입니다. 귀 교정을 하다 보면 결과가 좋을 때도 있지만 그렇지 않을 때도 있지요.

특히 교정을 시작하는 시기와 귀 연골의 상태에 따라서 결과가 다양하게 나올 수밖에 없습니다.

더불어 교정 전과 교정 후의 사진만 올렸기 때문에 교정 치료를 시작하면 마치 마법처럼 얼마 지나지 않아 "짠" 하고 좋은 효과가 나타날 것이라고 생각하는 부모들이 많습니다.

귀 교정 과정은 쉽지만은 않다

하지만 실상은 과정이 너무나 힘들다는 것을 알리고 싶습니다. 병원에서 귀 교정을 할 경우 매주 병원에 내원해야 하고, 교정 과정 중 테이프가 일찍 떨어지기도 하고, 테이프를 붙인 피부가 빨갛게 부어오르거나 진물이 나오기도 합니다.

그리고 가장 안타까운 것은 아이입니다. 태어난 지 얼마 안 됐는데 번거롭게 귀에 실리콘 가이드를 붙이고 있어야 하니까요. 그래서 교정 과정 중 아이가 힘들어하면서 많이 울지요.

그런 힘든 과정과 시간을 통해 좋은 결과가 나오는 것이라고 생각해주시면 좋겠습니다. 또한 안타깝게도 그런 과정을 겪었음에도 좋은 결과가 나오지 않을 수도 있다는 점도 염두에 두셨으면 좋겠습니다.

평생 트라우마로 남을 수 있는 부분을 없애다

그러나 귀 교정을 한다는 것은 평생 트라우마로 남을 수 있는 부분을 없앨 수 있다는 점에서 매우 큰 의미이자 가치가 될 것입니다. 저는 귀 교정을 하면 할수록 어려운 작업임을 새삼스럽게 느끼곤 합니다. 소아청소년과 전문의로서 좌절을 느끼기도 하지만 큰 보람도 느끼기에 귀를 교정하는 진료를 지속하고 있습니다.

아직도 많은 사람들이 신생아 때 귀를 교정해야 한다는 사실을 모르고 있습니다. 그냥 태어난 대로 사는 것이 가장 좋다고 받아들이기도 합니다. 하지만 저는 접히거나 눌린 귀를 잘생기게 만들어주는 것도 중요하다고 생각합니다. 물론 성형수술을 말하는 것이 아닙니다. 그런 거창한 것이 아니라 부모의 관심과 사랑으로 접히거나 눌린 귀를 잘생긴 귀로 만들어줄 수 있기에 말씀드리는 것입니다.

특히 귀 연골이 이미 딱딱하게 굳은 상태로 귀 교정을 받으러 오시는 경우가 가장 큰 아쉬움으로 남습니다. 혹시라도 여러분의 아이가 귀 연골이 이상하다면 최대한 빠른 시기에 진단을 받고 교정을 받으시기 바랍니다.

CHAPTER

03

고개가 기우는 사경

01
사경을 방치하면 허리 축이 틀어져요

사두증과 귀 연골 이상, 사경의 연관성

저는 소아청소년과 전문의입니다. 많은 아이들을 진료하면서 문득 깨달은 점이 있었습니다. 사두증과 귀 연골 이상, 사경은 연관이 되어 있다는 것이지요.

사두증으로 진료를 받다가 귀를 살펴보면 귀가 접혀 있었고, 귀 교정을 받으러 온 아이를 진료하다 사두증이 있다는 것을 알게 되는 것이지요.

특히 사두증으로 진료를 받는 아이의 경우 고개가 기우는 사경이 많았습니다. 이렇게 사두증과 귀 연골 이상, 사경은 교집합의 형태로 묶여 있었습니다.

사두증과 귀 연골 이상의 원인은 한 자세를 오랫동안 유지하다 보니 생기는 증상으로 눌리는 부분이 계속 압박을 받으면서 발생합니다. 그렇다면 어떤 이유에서 아이는 한 자세를 지속적으로 유지하게 되는 것일까요?

저는 두 증상의 중요한 원인으로 '사경'이라는 선행 질환이 있다는 것을 깨닫게 되었습니다.

사경이라는 질환의 중요성

챕터 1에서도 언급했지만 사경은 목 근육의 두께 증가 혹은 길이 단축으로 인해 머리가 한쪽으로 기우는 증상을 말합니다. 특히 고개를 돌리게 하는 흉쇄유돌근이라는 근육에 문제가 생겼을 경우 사경이라는 질환을 앓게 되지요. 흉쇄유돌근의 근육이 두꺼워지거나 짧아지면 힘의 균형이 깨지면서 힘이 센 근육 쪽으로 고개가 기울게 됩니다. 여기서 중요한 점은 문제가 있는 근육 쪽으로 고개가 기운다는 것입니다.

목이 삐딱해지는 질환, 사경

얼굴과 목의 바른 자세는 앉거나 섰을 때 코와 입은 수직으로, 양쪽 눈은 수평으로 유지되는 자세입니다. 사경의 주원인은 '삐딱한 목'에 있지요. 인구 100명당 1~3명이 삐딱한 목을 갖고 있을 정도로 생각보다 흔한 증상입니다. 삐딱한 목을 치료하지 않고 방치하면 얼굴과 척추가 비대칭이 되고 미용적으로 보기가 좋지 않아 심리적으로 위축이 심해지고 자세 이상으로 인해 정상적인 생활을 유지하지 못할 수도 있는 질병입니다. 그렇기 때문에 조기 진단 및 치료가 매우 중요합니다.

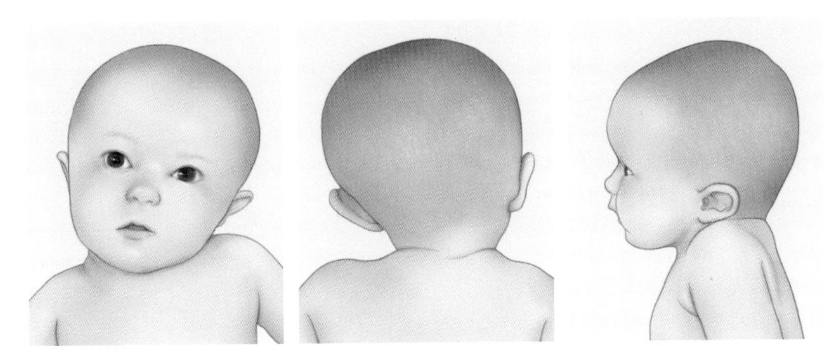

흉쇄유돌근이라는 근육에 문제가 생겼을 경우 고개가 기울 수 있다.

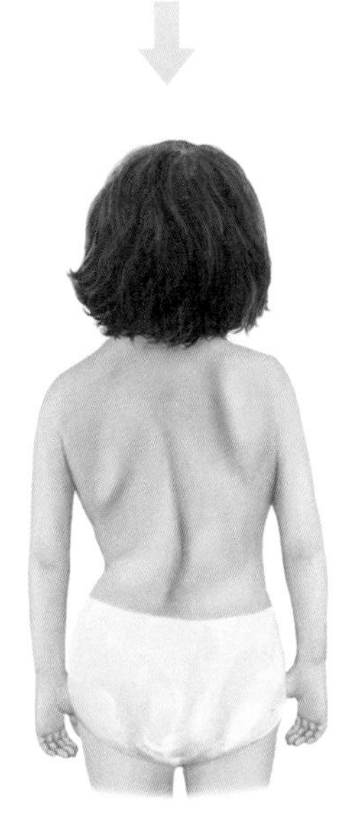

사경을 방치하면 고개만 휘는 것이 아니라
어깨높이 비대칭 및 척추측만증 같은 자세 이상이 생길 수 있다.

02

사경이라는 질환을 겪는 아이들의 대표적 증상

흉쇄유돌근의 주요 역할

사경을 이해하려면 흉쇄유돌근의 역할을 알아야 합니다. 흉쇄유돌근은 목 빗근이라고도 하는데 복장뼈의 위 끝과 빗장뼈의 안쪽 끝에서 시작해 귀의 뒤쪽 꼭지돌기로 비스듬히 뻗어 있는 크고 긴 근육입니다. 이 근육은 고개를 반대쪽으로 유연하게 돌려주는 기능을 하지요.

예를 들면 우측 흉쇄유돌근은 고개를 돌려 좌측을 보게 하고, 좌측 흉쇄유돌근은 우측을 보게 하는 역할을 합니다.

그러므로 우측 사경은 우측 흉쇄유돌근에 문제가 생겨 고개가 우측으로 기울고 시선은 좌측을 더 보게 되고, 좌측 사경은 좌측 흉쇄유돌근에 문제가 생겨 고개가 좌측으로 기울고 시선은 우측을 더 보게 되는 것입니다.

흉쇄유돌근은 목의 해부도를 보면 정확하게 아실 수 있을 겁니다.

목의 해부도

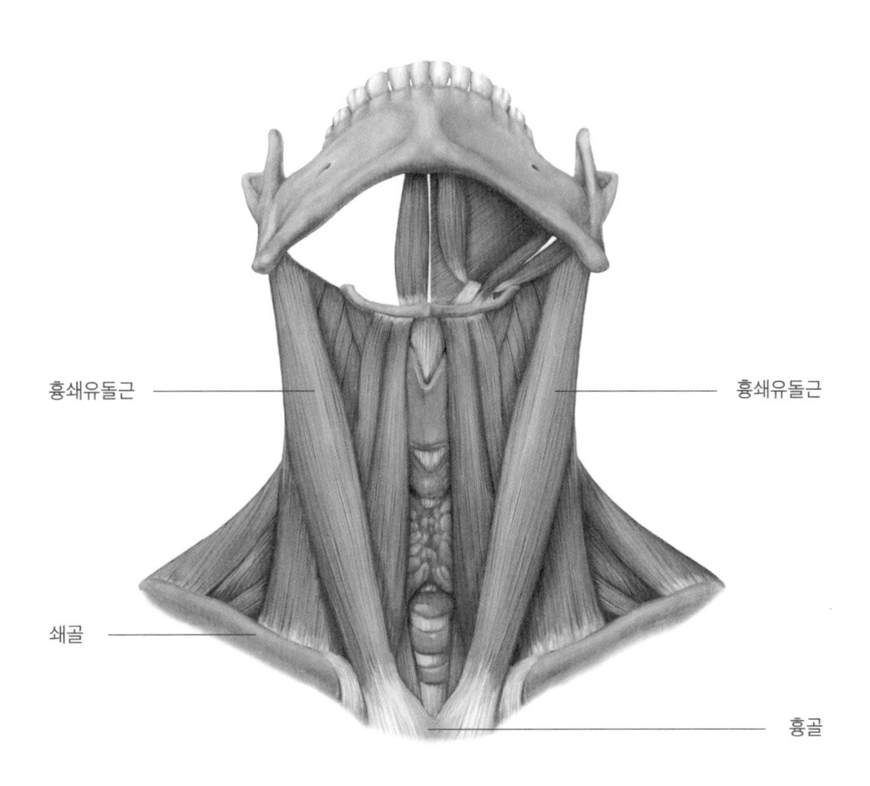

흉쇄유돌근은 귀 뒤편의 유양돌기부터
흉골과 쇄골로 연결된 2개의 근육이다.

오른쪽만 보면 오른손을 더 잘 쓰고 오른쪽 눈도 커진다

우선 좌측 흉쇄유돌근이 두꺼워지거나 짧아지는 좌측 사경을 예로 들어보겠습니다. 고개는 왼쪽으로 기울고, 시선은 주로 오른쪽으로 향할 겁니다. 잘 때도 오른쪽으로 거의 보고 자고, 낮에 누워 있을 때도 오른쪽을 계속 보고 있으니 오른쪽 뒤통수가 눌립니다.

시선이 가는 쪽인 오른손을 더 잘 쓰는 경향이 짙고, 눈 크기도 오른쪽이 더 큰 경우가 많습니다. 뒤집기도 시선이 가는 오른쪽 방향으로만 하려고 합니다. 그러다 보니 오른쪽 뒤집기에 필요한 왼쪽 다리를 더 잘 쓰게 됩니다.

그렇다면 우측 사경 질환을 앓는 아이는 어떨까요? 지금까지의 설명과 반대가 되겠지요. 고개는 오른쪽으로 기울고, 시선은 주로 왼쪽으로 향할 것입니다. 잘 때도 왼쪽을 보고 자고, 낮에 누워 있을 때도 왼쪽을 계속 보니 왼쪽 뒤통수가 눌립니다. 시선이 가는 쪽인 왼손을 더 잘 쓰는 경향이 짙고, 눈 크기도 왼쪽이 더 크겠지요. 뒤집기도 시선이 가는 왼쪽 방향으로만 하려고 하니 왼쪽 뒤집기에 필요한 오른쪽 다리를 더 잘 쓸 겁니다.

131페이지의 표를 보시면 쉽게 이해할 수 있을 겁니다.

- **우측과 좌측 사경의 임상 양상**

	우측 사경	좌측 사경
고개가 기우는 쪽	오른쪽	왼쪽
이상이 있는 흉쇄유돌근	오른쪽	왼쪽
시선이 가는 방향	왼쪽	오른쪽
뒤통수가 눌리는 쪽	왼쪽 뒤통수	오른쪽 뒤통수
선호하는 뒤집기 방향	왼쪽	오른쪽
눈 크기	왼쪽이 더 큰 경향	오른쪽이 더 큰 경향
잘 쓰는 손	왼쪽	오른쪽
잘 쓰는 다리	오른쪽	왼쪽

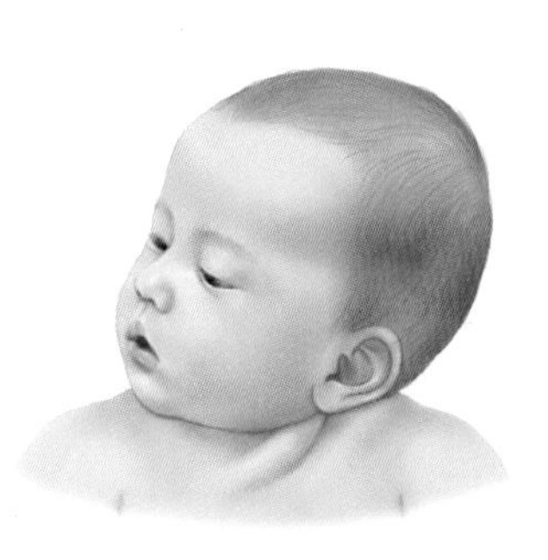

03
사경 질환의 종류에는 어떤 것이 있나요?

가장 흔하게 나타나는 자세성 사경

사경은 자세성 사경과 근육성 사경, 안성 사경 등이 있습니다. 외래에서 가장 흔하게 보는 사경은 자세성 사경입니다.

자세성 사경은 근육의 두께 차이가 없으나 엄마 뱃속에서 혹은 출생 후 오랫동안 고착화된 자세 때문에 양쪽 근육의 긴장도가 달라져 한쪽으로 기우는 사경입니다.

근육의 차이가 없기 때문에 초음파 검사를 통해 양쪽 흉쇄유돌근을 관찰해보아도 양쪽에 의미 있는 근육 차이를 찾아볼 수 없습니다.

근육성 사경과 안성 사경

근육성 사경은 흉쇄유돌근에 멍울이 만져지는 경우에 해당합니다. 이때 초음파 검사로 확인해보면 근육의 두께가 뚜렷하게 차이가 나는 것을 확인할 수 있습니다.

드물게 눈의 이상으로 인해 생기는 안성 사경도 있습니다. 뇌의 이상이나 경추 이상에 의해서도 사경이 나타날 수 있으나 이런 경우는 드물다고 할 수 있지요. 제 경험으로 보면 사경의 90~95% 정도가 자세성 사경이고, 나머지 5~10% 정도가 근육성 사경입니다.

04

사경을 진단하는 방법

사경이라는 진단을 내리기 전 목을 촉진한다

저는 사경이 의심되는 아이가 오면 일단 목을 촉진합니다. 손으로 멍울이 있는지를 만져보는 것이지요. 그 후 초음파 검사를 통해서 근육의 두께를 확인합니다.

의미 있는 근육 두께 차이가 있다면 근육성 사경, 없다면 자세성 사경으로 판단하고, 안성 사경의 경우는 안과 검진을 통해 진단됩니다. 안과 검진을 고려하는 경우는 일반적인 사경 물리치료에 호전이 없는 경우입니다.

135페이지의 사진은 제가 직접 시행한 목 초음파 영상입니다. 우측 흉쇄유돌근의 두께는 4.7mm로 정상이고, 좌측은 14.6mm로 우측에 비해 거의 3배나 두꺼워져 있습니다. 전형적인 근육성 사경의 초음파 소견입니다.

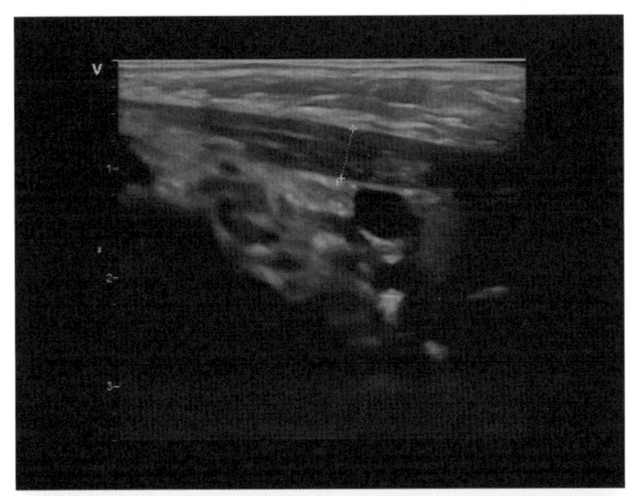

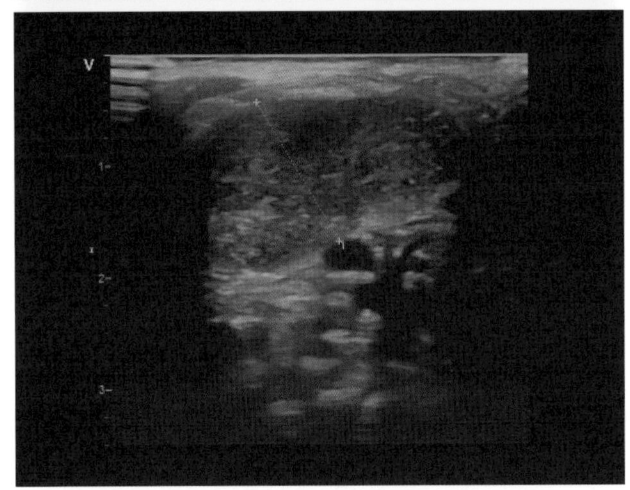

전형적인 근육성 사경을 짐작케 하는 초음파 사진으로
저자가 직접 검사한 것이다.

근육성 사경은 적극적 치료가 원칙

근육성 사경이 진단되면 물리치료를 통한 적극적인 치료가 원칙입니다. 재활의학과와의 협진이 필요하지요. 외래에서 근육성 사경이라는 진단을 내리면 부모들의 반응은 대부분 눈물을 흘리시며 자책을 하십니다.

저는 그럴 때마다 잘 치료하면 예후가 좋다는 점을 설명하면서 최대한 안심을 시켜드립니다. 그냥 하는 말이 아니라 사실이 그렇기 때문이지요. 근육성 사경은 다행히 빨리 진단을 내리면 예후가 좋으니 큰 걱정하지 않으셔도 됩니다.

물리치료를 통해서 뭉친 근육을 이완시키고, 약한 쪽 근육을 강화시켜 주면 멍울이 점점 줄어들어 정상적인 두께로 줄어듭니다. 다만 효과가 나타나는 시기는 아이의 협조도 및 멍울의 두께에 따라 다양하게 나타납니다.

05 사경의 동반 질환

사경이 있다면 고관절도 진찰해야

사경이 있는 아이의 경우 함께 진찰해봐야 할 부분은 고관절입니다. 사경이 있는 아이의 약 10%에서 고관절 탈구가 동반되기 때문이지요. 그래서 일단 손으로 만져보면서 탈구가 있는지 없는지 진찰합니다.

고관절을 이리저리 돌려보면서 고관절이 탈구가 되진 않는지 진동을 잘 느껴봅니다. 그리고 양쪽 무릎을 세워서 높이가 같은지를 관찰합니다.

높이에서 차이가 나타난다면 이는 탈구를 의심할 수 있는 소견입니다. 이를 '알리스(Allis) 징후' 또는 '갈레아찌(Galeazzi) 징후'라고 합니다. 138페이지의 그림을 보면 '알리스 징후'를 자세히 알 수 있을 겁니다. 다리 길이가 짧은 쪽이 탈구가 있는 쪽입니다.

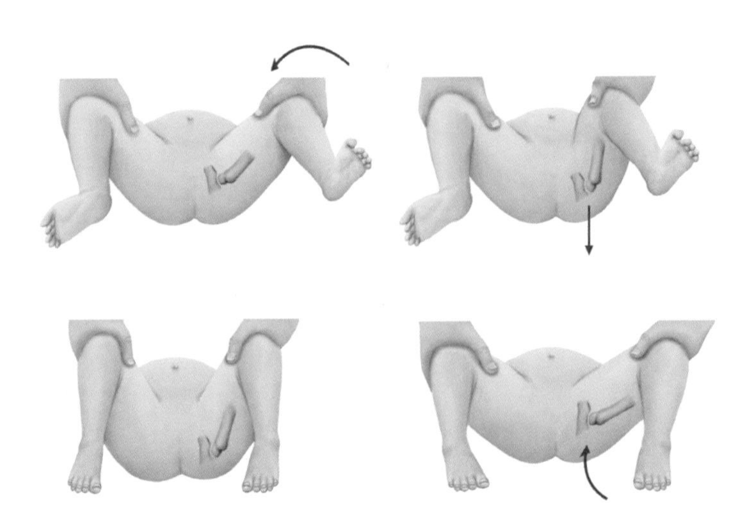

고관절 탈구를 검사하는 방법이다.
위는 오토라니(Ortolani) 검사고, 아래는 바로우(Barlow) 검사다.

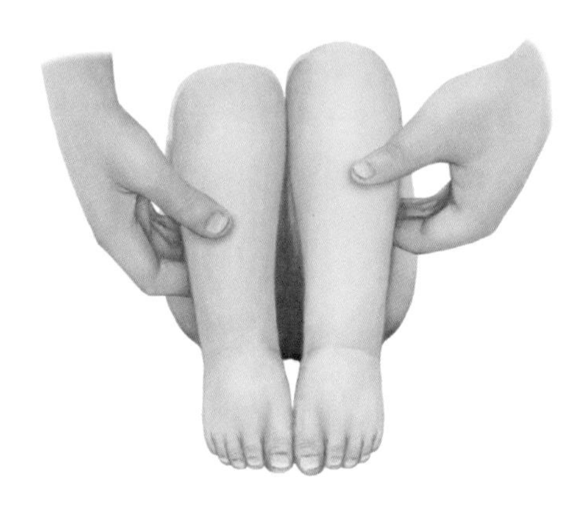

우측 고관절 탈구에서 관찰되는 '알리스 징후' 또는 '갈레아찌 징후'

고관절 탈구를 의심할 수 있는 소견들

양쪽 고관절이 벌어지는 각도가 차이가 나거나 엉덩이 살이 비대칭인 경우도 고관절 탈구를 의심해볼 수 있는 소견입니다.

고관절 탈구의 경우 전문의에게 진단을 받는 게 우선

사타구니의 안주름도 양쪽이 다르게 나타납니다. 사타구니의 주름이 다르다고 해서 모두 탈구를 의심하진 않습니다. 여러 가지 소견을 따져봐야 하니 전문의의 정밀한 검사가 필요합니다. 그리고 적극적으로 치료하는 것이 좋습니다.

소아청소년과 전문의가 초음파 검사를 할 때의 장점

140페이지의 사진은 제가 직접 촬영한 고관절 초음파 영상입니다. 저는 외래에서 목 초음파뿐 아니라 고관절 초음파를 직접 시행합니다. 보통 초음파 검사는 대학병원의 경우 영상의학과 의사들이 시행합니다.

소아청소년과 의사나 재활의학과 의사 같은 임상의는 초음파 검사를 의뢰하고, 의뢰 받은 영상의학과 의사는 검사를 시행하고 판독을 해서 다시 임상의에게 전달하게 됩니다. 임상의는 판독 소견을 전달받고 다시 환자에게 전달합니다.

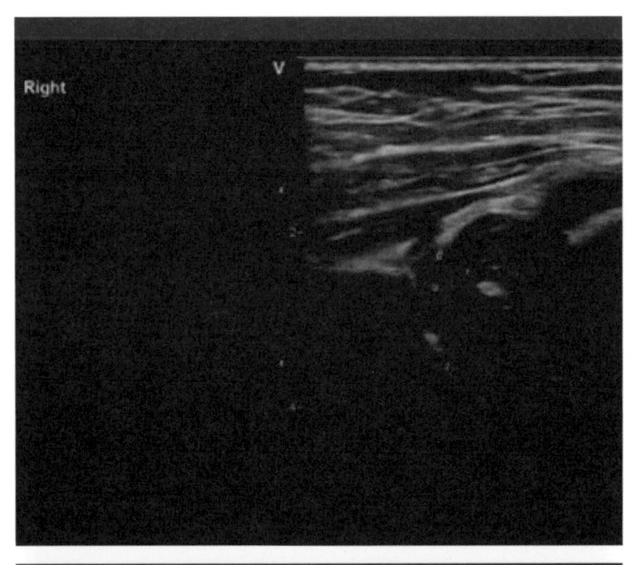

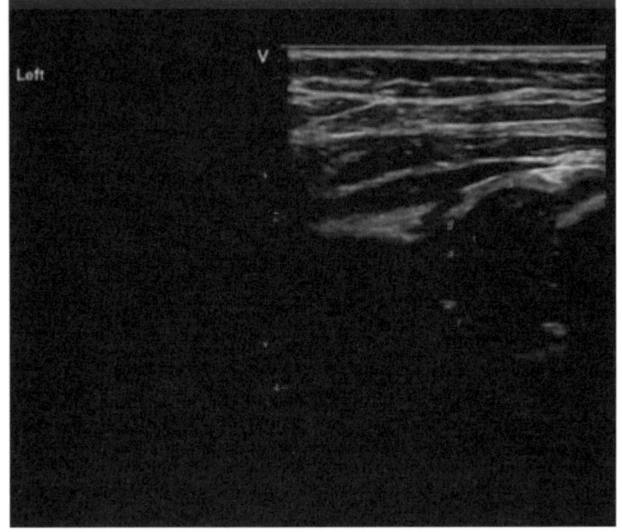

저자가 직접 검사한 우측과 좌측 고관절 초음파 사진(정상 소견)

그렇기 때문에 진료를 본 당일에 초음파 검사가 진행되지 못하고 다른 날 예약을 잡아 검사를 하게 되지요. 저는 이런 과정이 너무나 번거롭기 때문에 제가 직접 검사를 합니다. 임상을 가장 잘 아는 임상의가 직접 초음파 검사를 진행하면 환아의 진찰 소견과 가장 잘 매칭을 시킬 수 있고, 진료와 동시에 검사 및 검사 결과 설명까지 하루에 끝낼 수 있는 장점이 있지요. 하지만 소아청소년과 수련 과정에는 초음파 검사 교육이 없기 때문에 배우질 못합니다.

소아청소년과 전문의가
초음파 검사를 하는 경우는 드물다

초음파 검사 과정은 익히기가 쉽지 않고 숙달이 되긴 더더욱 어렵기 때문에 일반 소아청소년과 전문의가 초음파 검사를 실제로 행하는 일은 드물고, 최근 들어 점점 늘어나는 추세에 있습니다.

저도 처음에 초음파라는 기계에 익숙해지고, 직접 진료에 활용할 수 있을 정도로 숙달이 되기까지는 너무나 힘든 시간들을 보냈습니다. 그러한 시간들이 쌓이고 쌓이다 보니 지금은 소아 진료에서 초음파가 활용되는 부분은 모두 제가 직접 시행합니다.

목과 고관절 초음파 검사는 사경인 아이들을 진료하는 데 매우 도움이 되기 때문에 임상의가 직접 검사를 하는 것은 매우 중요합니다. 이뿐만 아니라 심장 초음파나 장중첩증, 충수염을 감별하기 위한 복부 초음파 검사는 소아청소년과에서 중요 부분을 차지하기 때문에 제가 직접 시행하면서 얻는 이득이 많습니다.

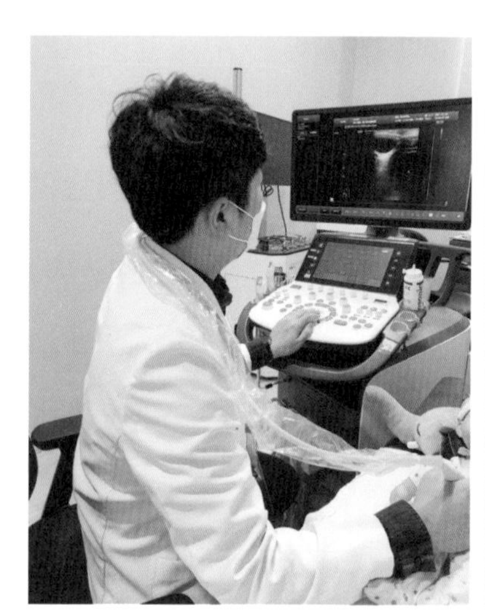

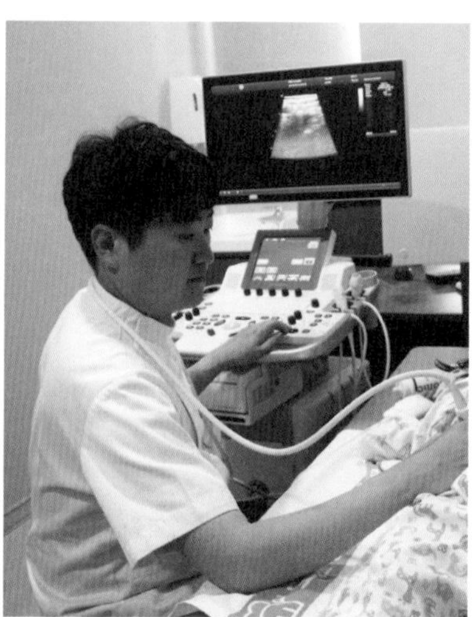

직접 초음파 검사를 하는 저자

06
사경을 방치하면 어떤 문제가 생기나요?

좌우 대칭이 맞지 않으면 척추 질환을 유발

자세성 사경은 뒤집고, 기고, 서고, 걷는 등의 발달 과정을 거치면서 자연적으로 호전될 가능성이 높습니다. 그런데 근육성 사경은 치료하지 않으면 자세성 사경보다 자연적 호전이 될 가능성이 적습니다.

사경이 저절로 호전되지 않으면 아이가 성장하면서 몸의 밸런스가 깨지게 됩니다. 우리 몸은 좌우 대칭이 맞습니다. 그런데 목 근육의 힘 균형이 깨지면 양쪽 어깨높이가 달라지고, 그로 인해 자세가 틀어지게 되면서 결국엔 허리까지 틀어져 척추측만증이 올 수도 있습니다.

사경을 방치하면 청소년 때 학습장애가 발생할 수도

척추측만증이 생기면 몸이 쉽게 피로해지고 통증이 생겨 오랜 시간 앉아 있을 수가 없습니다. 결국 가장 학업에 열중하는 시기인 청소년 때 학습장애가 발생할 수도 있습니다. 청소년기의 학습장애는 아이의 미래가 불안해지는 가장 큰 장애 요소입니다. 그런 상황을 막기 위해 어렸을 때 진단을 받아 치료하는 것이 가장 좋습니다. 그리고 그것을 치료하는 것이 저의 역할이기도 하지요.

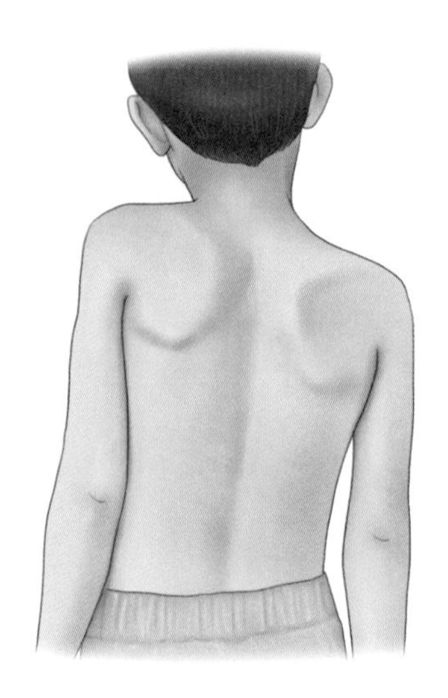

척추측만증은 학습장애로 이어질 수 있다.

07
가정에서 쉽게 하는 사경 치료 방법이 있나요?

사경이라는 진단을 받으면

아이가 사경이라는 진단을 받으면 부모들은 앞으로 어떻게 해야 할지 막막해하십니다. 사경이라는 질환에 대해 정확한 정보가 없는 상태에서 어떻게 치료할지에 대해 판단이 서지 않아 많이 불안하시겠지요.

특히 귀하디귀한 내 아이가 그런 질환을 가지고 있다면 더욱 가슴이 아플 겁니다. 혹시나 제때 치료를 하지 못해 평생 고개가 기운 상태로 살아야 할지에 대한 걱정도 클 겁니다.

하지만 큰 걱정은 하지 않으셨으면 좋겠습니다. 사경은 일상생활에서 몇 가지 수칙을 지키고 가정 내에서 몇 가지 운동을 해준다면 대부분 좋아집니다.

물론 고개 기울기가 심하거나 고개를 돌리는 데 어려움이 있는 아이는 재활의학과에서 진료한 후 물리치료사의 도움을 받아야 합니다.

다만 심한 증상을 보이지 않는 경우, 가정 내에서 쉽게 사경을 고칠 수 있는 방법이 있습니다. 저는 그것에 대해 설명하려 합니다.

일상 속에서 지켜야 할 수칙

사경을 가진 아이들이 일상생활 속에서 지켜야 수칙이 있습니다. 우측 사경을 가진 아이를 예로 들어보겠습니다. 물론 좌측도 해당되는 설명이기 때문에 좌측 사경을 가진 아이는 반대로 해주시면 됩니다.

앞에서 설명했지만 우측 사경을 가진 아이의 시선은 좌측을 봅니다. 그렇기 때문에 일부러라도 우측(사경 측)을 보게 해줘야 합니다. 그러기 위해선 모빌이나 장난감을 아이의 우측에 놓아야 하고, 부모 님의 위치도 항상 아이의 우측에 계셔야 합니다. 즉, 아이가 잘 보지 않으려고 하는 쪽을 자꾸 보게 해줘야 한다는 의미입니다.

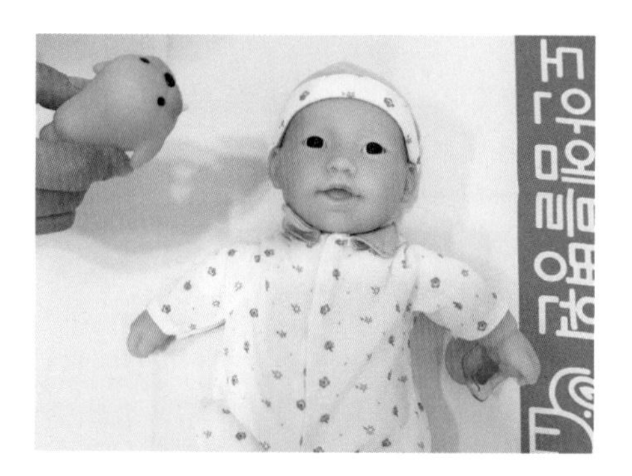

우측에 사경을 가진 아이의 시선은 좌측으로 가게 되어 있는데
이를 우측으로 보게 해야 한다.

안을 때도 사경 측을 보게 해야

저는 사경을 가진 아이들을 진찰할 때 부모 님에게 아이를 평소처럼 안아보시라고 부탁을 드립니다. 그러면 거의 앞서 말씀드린 대로 아이가 좋아하는 방향을 볼 수 있게 안습니다. 그러면 안 됩니다.

사경을 치료하는 데 아이를 안는 자세는 매우 중요합니다. 부모 님이 아이를 안을 때는 사경 측을 볼 수 있게, 즉 우측 사경인 경우 우측을 보게 안아주셔야 합니다. 그렇게 안으면 아이의 좌측 볼이 가슴에 닿겠지요.

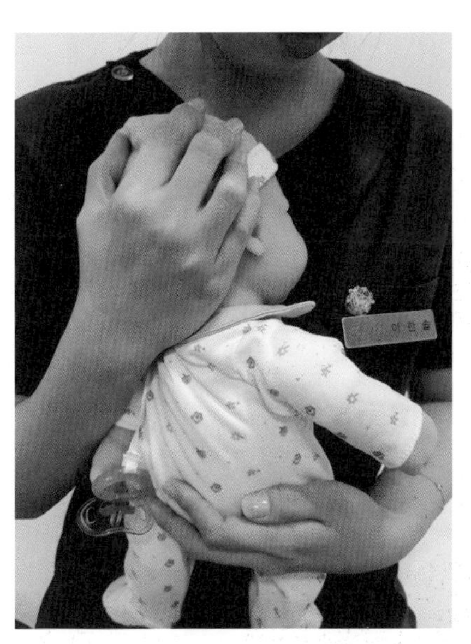

우측에 사경을 가진 아이인 경우
부모 님이 아이를 안을 때 우측을 보게 안아야 한다.

수유할 때도 사경 측을 보게 해야

수유하는 자세도 중요합니다. 분유 수유를 하는 경우를 예로 들겠습니다. 우측 사경을 가진 아이들은 우측을 보면서 수유를 해야 합니다. 그러기 위해선 어머니의 우측 팔에 아이가 안기고 좌측 손으로 젖병을 들어 수유를 하면 아이가 우측을 보는 자세가 나옵니다.

아이를 엎드려 재울 때도 아이의 얼굴 방향이 사경 측을 볼 수 있게 자세를 잡아줘야 사경을 치료하는 데 도움이 됩니다. 좌측 사경도 마찬가지입니다.

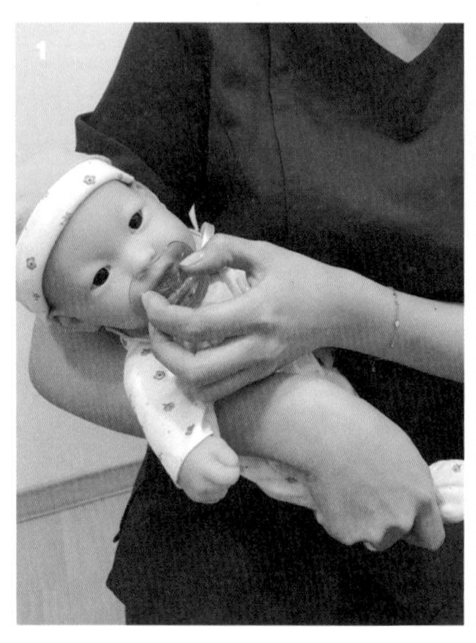

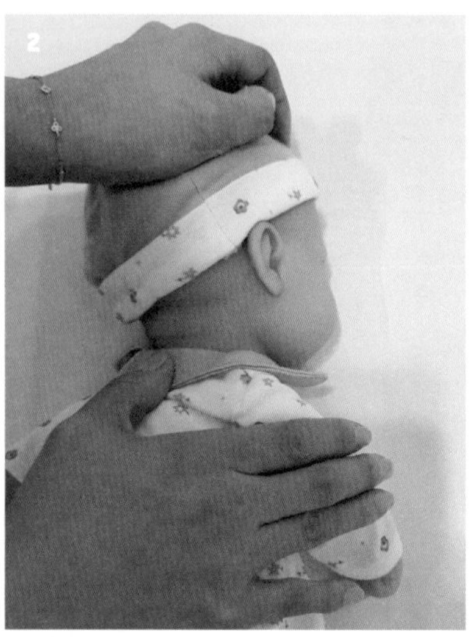

1 우측 사경인 경우수유를 할 때도 우측을 볼 수 있게 안아야 한다.
2 우측 사경인 경우 엎드려 재울 때는 좌측 뺨이 바닥에 닿고 우측을 볼 수 있는 자세를 취하게 해야 한다.

사경 측 손을 더 사용하게 해야

우측 사경을 가진 아이는 우측 손보단 반대 측인 좌측 손을 더 잘 쓰는 경향이 있습니다. 그러므로 장난감을 쥐어주거나 쪽쪽이를 쥐어줄 때 사경 측인 우측에 쥐어주도록 합니다.

우측 손을 자주 만지거나 오므렸다 펴주기를 반복하면서 손에 감각을 계속 느낄 수 있도록 합니다.

양쪽 손과 발로 짝짜꿍을 해주면 더욱 좋습니다.

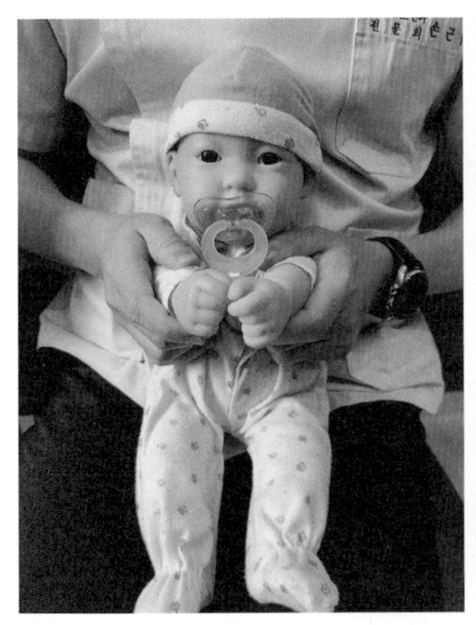

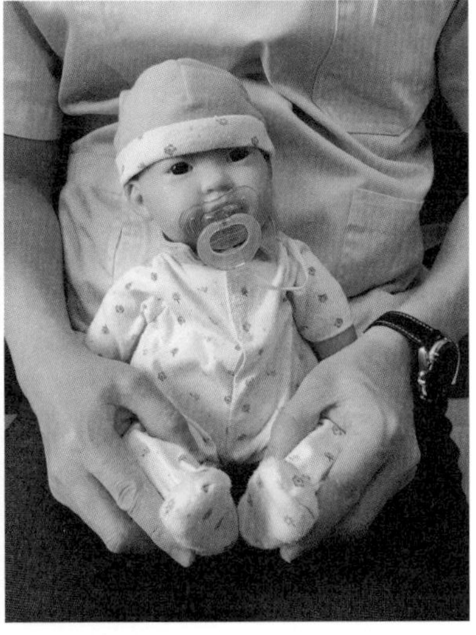

양손과 양발을 이용해 짝짜꿍을 해주면서
손발의 존재를 인식하고 감각을 느끼게 해준다.

사경 측 손의 근력을 키워야

사경 측 손의 근력을 키우는 다른 방법은 장난감을 활용하는 것입니다. 우측 사경인 경우 아이를 엎드리게 한 뒤 우측 위쪽에서 장난감으로 유도하면 아이는 장난감을 잡으려고 손을 뻗으려 할 것입니다.

그렇게 함으로써 사경 측인 우측 팔과 어깨, 옆구리 근육을 사용하게 되고, 결과적으로 운동을 하게 되는 것이지요. 좌측 사경도 마찬가지입니다.

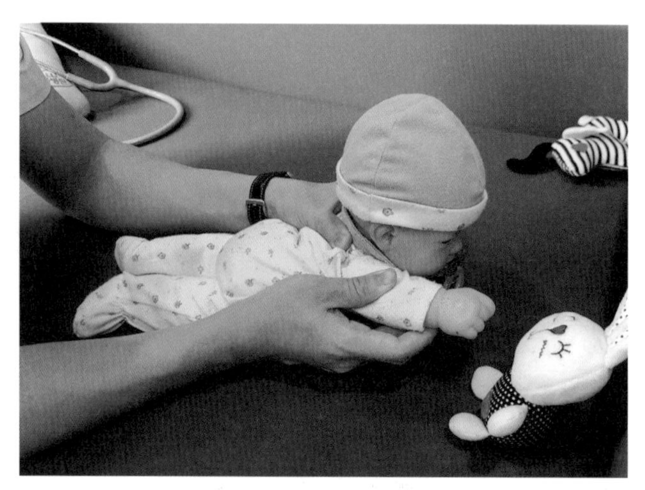

엎드린 상태로 장난감을 활용해 사경 측 손을 사용하고
사경 측 방향을 보게 한다.

뒤집을 때도 시선 반대 방향 쪽으로 하도록 유도

뒤집기도 시선이 가는 방향으로 가려는 경향이 있기 때문에 우측 사경을 가진 아이는 좌측으로만 뒤집기를 하려고 합니다. 이때 사경 측인 우측으로 뒤집을 수 있게 연습을 시켜주셔야 합니다.

연습시키는 방법은 쉽습니다. 우선 좌측 무릎을 'ㄱ'자로 굽히고, 우측으로 몸통이 돌아가도록 돌려줍니다. 그러면 아이가 우측으로 뒤집으려는 자세를 취하면서 힘들게 뒤집습니다. 그 동작을 반복하면 결국 우측 뒤집기가 완성이 됩니다. 좌측 사경도 마찬가지입니다.

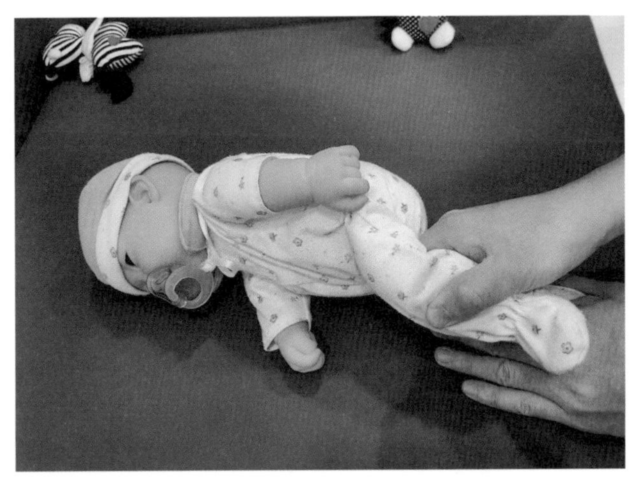

사경측으로 뒤집을 수 있도록 연습을 시킨다.

08
가정에서 쉽게 할 수 있는 재활치료

이완운동과 강화운동

앞에서 일상 속에서 지켜야 할 수칙을 설명했다면 이번에는 가정 내에서 쉽게 할 수 있는 재활치료에 대해 설명하겠습니다. 가정에서 할 수 있는 운동은 크게 이완운동과 강화운동으로 나눌 수 있습니다.

생후 4개월 이전 목을 잘 가누지 못하는 아이에게는 근육을 이완시키는 이완운동을 해주지만 생후 4개월 이후 목을 가눌 수 있는 아이에게는 이완운동과 함께 강화운동도 해줘야 합니다.

그러면 이완운동부터 알아볼까요?

1) 이완운동 1_ 턱 돌리기

이완운동 중 가장 먼저 해줘야 할 것은 '턱 돌리기'입니다. 우측 사경을 가진 아이를 예로 든다면 고개가 우측으로 기울고 시선이 좌측을 향합니다. 그래서 턱의 위치는 시선이 가는 좌측으로 가 있지요.

이럴 때는 턱을 좌측에서 우측으로 이동시킴으로써 우측 흉쇄유돌근을 이완시켜야 합니다. 이때 좌측 어깨가 따라오지 못하게 좌측 어깨를 눌러주면 좋습니다.

턱 돌리기 운동은 다리 위에 앉혀서도 할 수 있지만 아이를 바닥에 눕혀서도 할 수 있습니다. 낮잠을 재우기 전 해줘도 좋고, 아이를 안고 앉아서 놀 때 해줘도 좋습니다.

이 운동은 회당 15초씩 10회를 1세트로 했을 때 하루 3세트 이상 시행합니다.

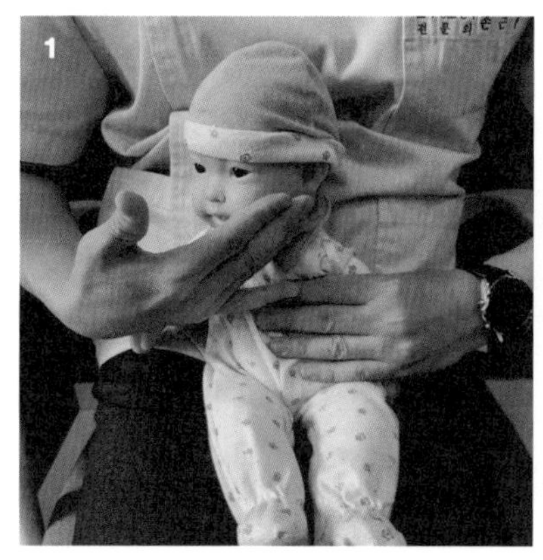

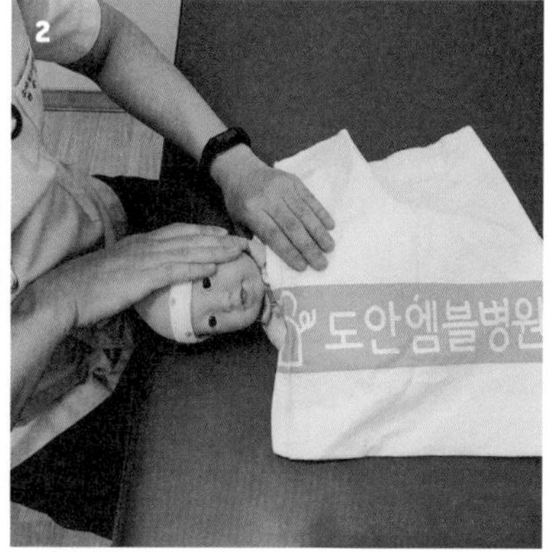

1 다리 위에 앉혀서 하는 턱 돌리기 운동
2 눕혀서 하는 턱 돌리기 운동

2) 이완운동 2 _ 귀와 어깨 사이 늘리기

'턱 돌리기'로 아이의 목을 풀었다면 다음 단계로 넘어가야겠지요.

이완운동 중 두 번째는 '귀와 어깨 사이 늘리기'입니다. 우측 사경을 가진 아이는 고개가 우측으로 기울기 때문에 우측 귀와 우측 어깨가 거의 붙어 있을 정도로 가까워져 있을 겁니다.

그럴 때는 우측 귀와 우측 어깨 사이를 벌려주는 운동을 해줘야 합니다. 턱의 위치는 가운데로 두게 하고, 한 손을 아이의 우측 머리에 대고 한 손을 우측 어깨를 눌러 사이를 벌려줍니다. 즉, 우측 머리를 반대 측으로 당기고, 어깨가 따라가지 못하도록 잡아주는 것이지요. 좌측 사경을 가진 아이는 반대로 해줘야 합니다.

이 운동은 회당 15초씩 10회를 1세트로 했을 때 3세트 이상 시행합니다. 155페이지 사진처럼 다리 위에 앉혀 그 자세에서 해줘도 되고, 살짝 눕혀서 해줄 수도 있습니다. 그리고 바닥에 눕혀서도 할 수 있습니다.

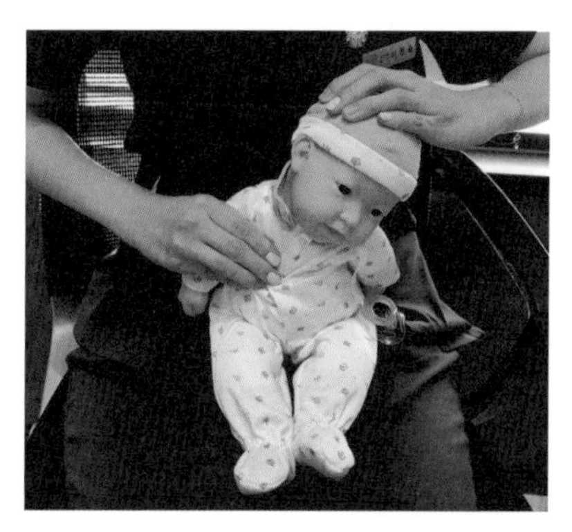

턱을 가운데 두고 머리를 사경 측 반대 방향을 당긴다.
이때 어깨가 따라가지 못하게 잡아줘야 한다.

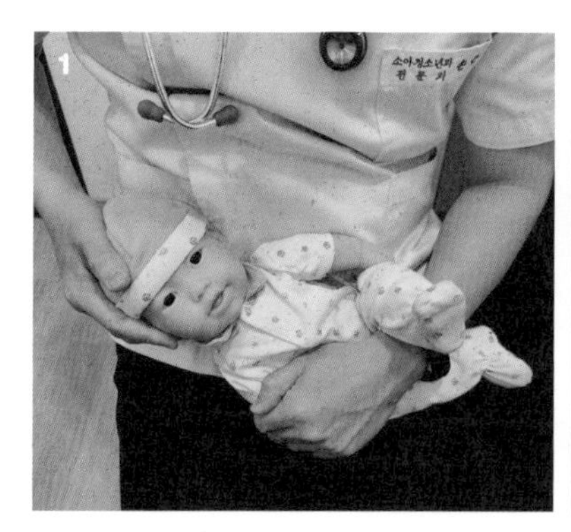

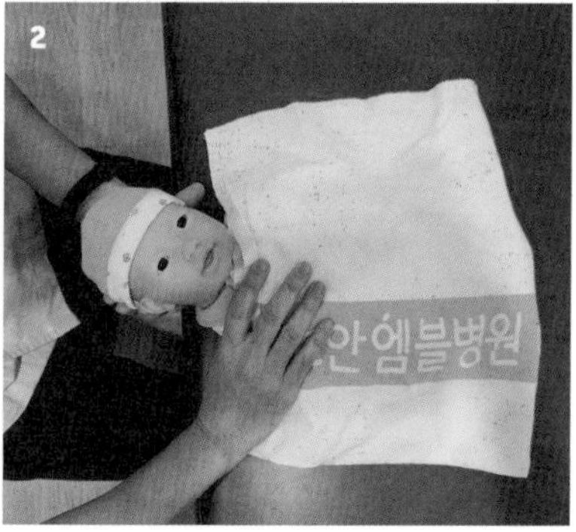

1 아이를 안고 다리 위에 눕혀 고개를 사경 측 반대 방향으로 당긴다.
이때도 어깨가 따라가지 못하게 잡아줘야 한다.

2 바닥에 눕혀서 할 때도 고개를 사경 측 반대 방향으로 당길 때
어깨가 따라가지 못하게 잡아준다.

3) 이완운동 3 _ 어깨 및 몸통 풀어주기

이완운동 중 세 번째는 '어깨 및 몸통 풀어주기'입니다. 사경을 가진 아이는 흉쇄유돌근뿐만 아니라 어깨와 몸통 근육도 긴장되어 있습니다. 그러므로 어깨를 돌려주고 몸통을 늘려주는 운동을 통해 주변 근육을 이완시켜야 합니다. 방법은 간단합니다.

어깨를 풀어주는 운동은 아이 몸을 안고 원을 그리듯 팔을 돌려주면 됩니다. 몸통 풀어주는 운동은 다리가 딸려오지 않게 한 팔로 다리를 잡고, 다른 팔로 아이의 팔을 잡아당기면서 몸통을 비틀어줍니다.

이 운동을 통해서 어깨와 몸통 근육이 늘어나게 됩니다. 이 운동도 회당 15초씩 10회를 1세트로 했을 때 3세트 이상 시행합니다.

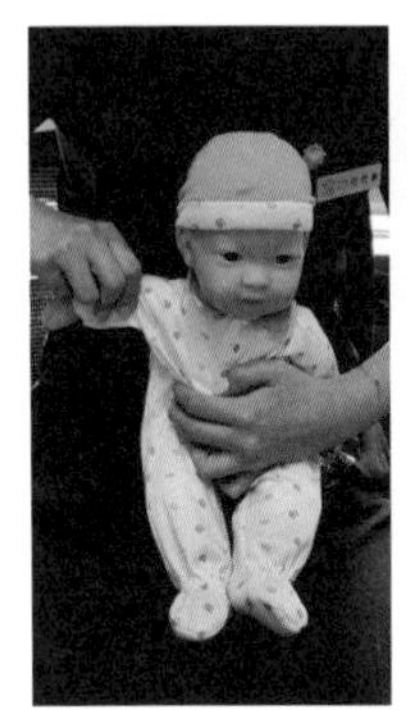
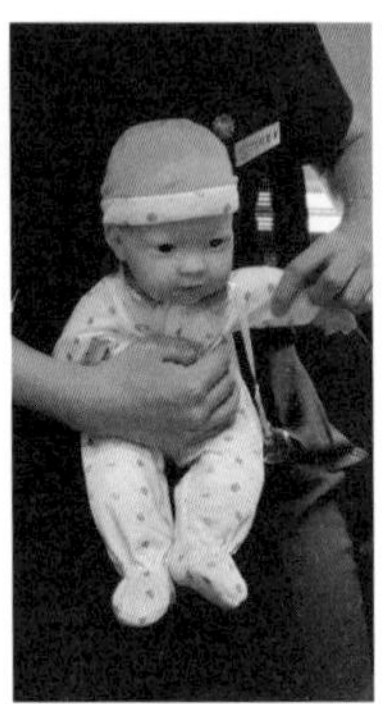
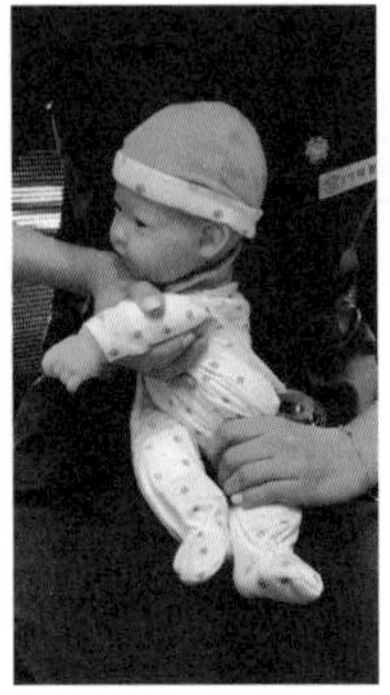
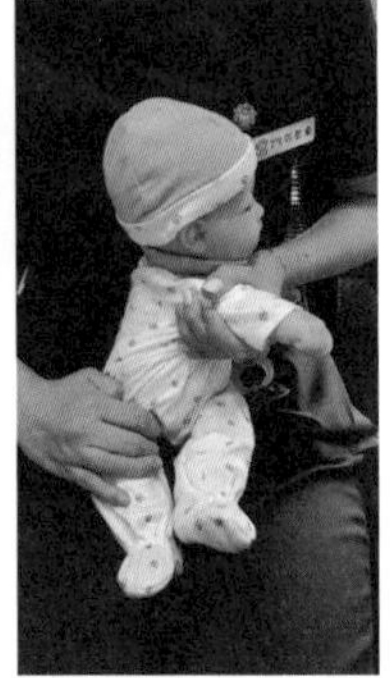

좌우 팔을 돌려주고, 좌우 몸통을 돌리면서 주변 근육을 이완시킨다.

4) 강화운동

생후 4개월이 지난 아이가 목을 가누게 되면 가정 내에서 강화운동을 해줄 수 있습니다.

강화운동이란 약한 쪽 근육을 발달시켜 힘의 밸런스를 맞추는 것입니다. 강화운동은 정위반응을 이용하는데 이것은 몸을 기울여 몸의 무게중심을 이동시켰을 때 넘어지지 않으려고 머리를 바로 세우는 반응을 말합니다.

강화운동은 사경 측으로 몸을 기울여 정위반응을 이끌어냅니다. 우측 사경을 가진 아이는 우측으로 기울게 하고, 좌측 사경을 가진 아이는 좌측으로 기울게 합니다.

강화운동은 무릎에 앉혀서 할 수도 있고, 짐볼에 올려서 할 수도 있고, 선 채로 할 수도 있습니다. 그중 선 채로 하는 방법은 어렵지 않아서 가정 내에서 곧잘 따라할 수 있을 겁니다. 특별한 기구가 필요 없기 때문에 편안하게 하셔도 좋은 운동입니다.

아이를 안고 집안을 왔다 갔다 돌아다니면서 해줘도 좋습니다. 특히 아이를 안고 거울을 보면서 해주면 더욱 좋습니다. 아이는 거울 속에 비친 자신을 보느라 약간의 불편함도 신경을 쓰지 않을뿐더러 아이의 시선은 앞을 보고 있어야 효과가 좋아집니다. 아이의 시선이 위로 가거나 옆으로 가면 효과가 떨어집니다.

이 강화운동은 회당 30초씩 하루 10회 시행합니다. 많이 하면 할수록 효과는 더 좋습니다.

강화운동

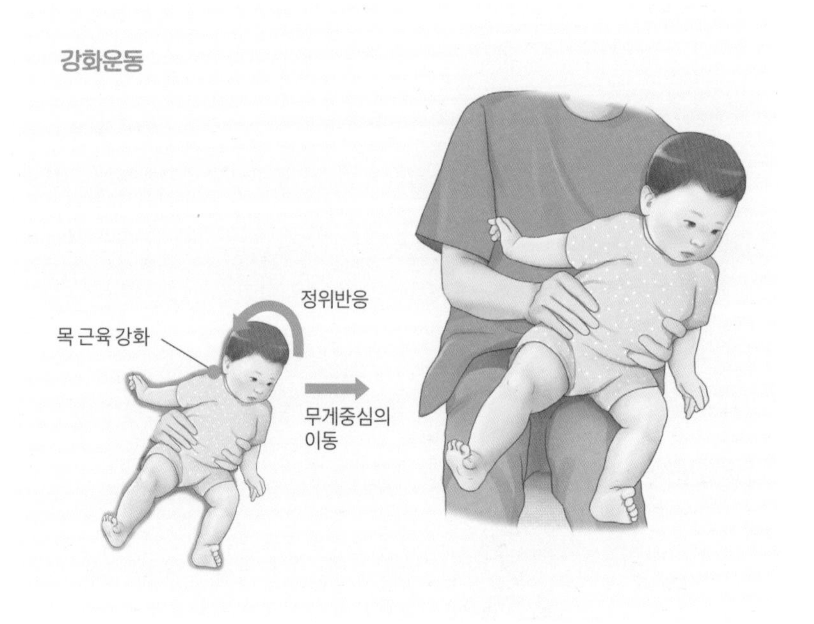

사경 측 강화운동하기. 아이를 무릎에 앉힌 후 사경 측으로 기울여 무게중심을 사경 측으로 실리게 한다.

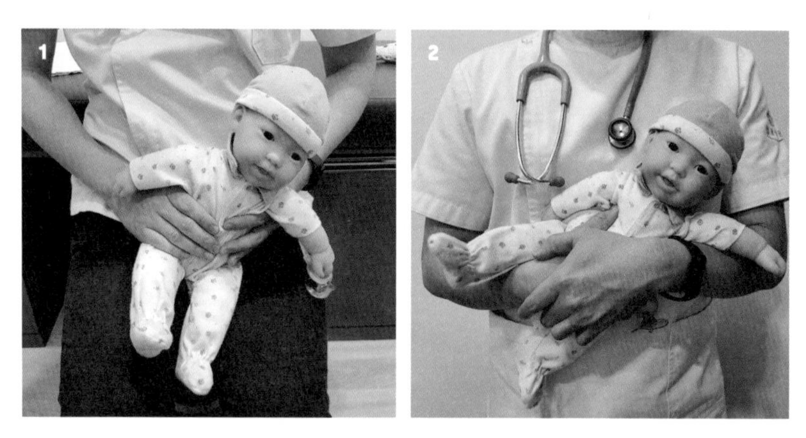

1 사경을 가진 아이에게 해주면 좋은 강화운동으로, 다리 위에 앉혀 해줄 수 있다.

2 사경을 가진 아이에게 해주면 좋은 강화운동으로, 아이를 안고 서서 거울을 보며 해주면 효과가 좋다.

09
사경에서 가장 중요한 것은 발달 과정을 지속적으로 관찰하는 것이다

발달이 제때에 나타나는지가 중요하다

사경을 가진 아이들을 진료하면서 제가 느낀 점은 아이가 자라면서 그 시기에 하는 행동들이 잘 나타나는 것이 가장 중요하다는 사실입니다.

특히 아이가 태어난 후 고개 돌려서 옆을 보기, 목 가누기, 뒤집기, 배밀이, 잡고 서기 같은 행동들이 제때 나와준다는 것은 아이가 잘 자라고 있다는 지표이니 특히 더 중요하지요.

제가 사경을 가진 아이들을 진료해보니, 발달 과정이 약간 늦었습니다. 그리고 성장 발달 과정에서 비대칭이 나타났습니다.

예를 들어 한쪽으로만 목을 가누고, 한쪽으로만 뒤집으려고 하고, 네 발을 다 이용해 기지 않고 한 손, 한 발만 사용하려고 합니다.

왜 발달이 느리고, 왜 비대칭이 생길까?

예전에는 부모들로부터 이러한 성장 발달 과정의 이상 소견에 대해 질문을 받으면 제가 소아청소년과 전문의이지만 특별한 솔루션을 제공하지 못하고 그저 괜찮아질 거라는 말과 함께 기다려보는 게 전부였습니다.

부모들이 "아이가 한쪽만 봐요", "아이가 아직 뒤집지 못해요", "한쪽으로만 기어요" 같은 이야기를 하지만 왜 그러는지에 대한 원인을 파악하려 하지 않았지요.

그저 "좀더 기다려보세요. 곧 괜찮아질 겁니다"라는 말씀만 드려야 했습니다. 그런데 저는 그런 상황에서 자꾸 의구심이 일었습니다.

"왜 그럴까?"

"사경은 왜 생기는 걸까?"

"아이 근력이 떨어지는 이유는 무엇일까?"

발견 즉시 교정

이 부분에 대한 해답을 찾기 위해 많은 시행착오를 겪은 끝에 찾은 해결점이 '발견 즉시 교정'이었습니다.

많은 사례를 접하면서 저 나름대로 이렇게 저렇게 실행해보다가 이 책까지 출간하게 되었습니다. 소아청소년과 전문의인 제가 할 수 있는 일은 그것이라고 생각했기 때문입니다.

성인이 된 우리들은 살이 좀 찌는 것 같으면 또는 근육이 부족하다 싶으면 돈을 들여 퍼스널 트레이닝을 받고 헬스장에서 운동을 합니다. 그런데 왜 아이들의 근력 저하나 근력 비대칭을 그저 앉아서 좋아지길 기다릴까요?

이제부터 부모는 각자 아이들의 퍼스널 트레이너가 된다고 생각해야 합니다. 느린 부분은 채워주고, 약한 부분은 강화시켜서 또래 수준의 성장 발달 과정에 도달할 수 있도록 노력해야 합니다. 이것이 아이의 사경을 관리하는 법이고, 또한 아이의 성장 발달을 돕는 일입니다.

질환은 아니지만 아이의 삶에 큰 방향점이 될 수도 있는 증상들

예전에는 병이라고 인식하지 않았던 것들이 요즘에 와선 질환의 일부나 큰 문제가 되기도 합니다. 사두증과 귀 연골 이상, 사경이 그렇습니다.

요즘 부모들은 현명하셔서 육아할 때도 공부가 우선이라는 생각에 많은 부분을 배우고 경험하고자 하십니다. 저는 이 시대의 육아법에 사두증과 귀 연골 이상, 사경에 대한 관리도 들어가야 한다고 생각합니다.

지금 당장은 불필요할지 모르지만 훗날 아이의 미래에 영향을 미칠 수도 있기 때문이지요.

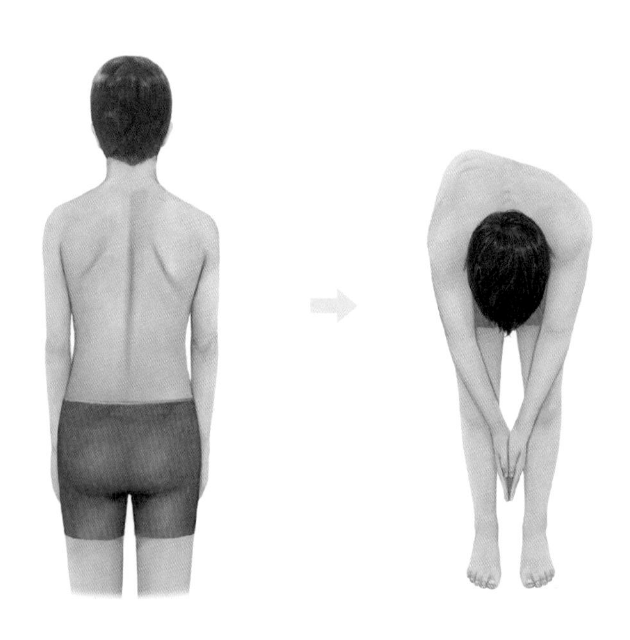

사경을 방치하면 척추측만증이 발생하는데 측만증이 오면 상체를 숙였을 때
양쪽 어깨의 높이 차이가 생긴다.

10
사경에 관한 Q&A

01 아이가 사경인데 소서를 태워도 되나요?

사경을 가진 아이의 경우 목과 어깨 근육에 무리가 갈 수 있기 때문에 소서를 태우지 않는 것을 권장합니다.

02 사경이라면 물리치료를 꼭 받아야 할까요?

아이의 근육과 성장 발달 상태, 기울기의 정도에 따라 다르므로 물리치료의 경우 전문의와 상의해야 합니다.

03 아이가 사경인데 기는 모양이 이상해요. 한쪽 팔과 다리를 잘 못 쓰는데 원래 그런가요?

사경을 가진 아이에게 흔히 발생하는 증상입니다. 기우는 쪽 팔을 잘 못 쓰기 때문에 반대쪽 팔로 허우적대면서 기어가지요. 이럴 때는 잘 못 쓰는 팔을 더 많이 사용하게 하는 것이 좋습니다. 네 발로 기어갈 수 있도록 부모가 도와주셔야 합니다.

04 우측 자세성 사경 진단을 받았는데 아이가 이제 좌측으로 기울어요!

충분히 있을 수 있는 일입니다. 자세성 사경의 경우 양쪽 흉쇄유돌근의 밸런스가 맞지 않는 건데 성장하면서 혹은 집에서 강화운동을 해주는 과정에서 밸런스가 재조정이 되면서 반대 측으로 기울 수 있습니다. 이럴 때는 강화운동을 잠시 멈춰주세요.

05 사경으로 인해 아이가 물리치료를 받고 있는데 기울기에 있어 호전이 없어요!

물리치료를 적절히 받고 있는데 기울기에 호전이 없다면 안과 진료 및 머리 MRI 검사가 필요할 수 있습니다. 사경의 원인이 다른 곳에 있을 수 있기 때문입니다.

06 자세성 사경이라고 진단을 받았는데 아이의 허벅지 양쪽 주름이 달라요. 어떻게 해야 할까요?

사경이 있는 아이들 중 일부에서 고관절 탈구가 동반된다는 보고가 있습니다. 전문의에게 진료를 받은 후 검사가 필요하다고 판단이 되면 고관절 초음파 검사를 받는 것을 추천합니다. 정밀한 검사를 한 후에 그에 맞는 치료를 하는 것이 좋습니다.

07 사경 완치 판정을 받았는데, 고개가 다시 기울어요. 어떻게 할까요?

가능한 일입니다. 그래서 사경은 일희일비를 할 수 없는 질환이라고 합니다. 기울기가 다시 생겼다면 다시 교정을 받거나 치료를 받으면서 다시는 재발하지 않도록 관리해주셔야 합니다.

08 사경이 있으면 성잘 발달 지연이 오나요?

아이에게 사경이 있으면 양쪽 시야에 차이가 생기고, 근력에도 차이가 생깁니다. 그로 인한 성장 발달 비대칭, 성장 발달 지연이 올 수 있습니다. 그 차이를 좁혀 나가는 것이 사경을 관리하는 길입니다.

당신의 아이 사경 체크리스트

- [ ] 유독 한쪽만 본다.
- [ ] 한쪽 손만 유독 사용한다.
- [ ] 한쪽으로 뒤집기를 한다.
- [ ] 양쪽 눈 크기가 다르다.
- [ ] 양쪽 볼살 크기가 다르다.
- [ ] 양쪽 이마비대칭이 있다.
- [ ] 사진을 찍으면 고개가 한쪽으로만 기운다.

위 증상에서 3가지 이상 해당되면 사경이 의심됩니다.

소중한 내 아이에게 사랑을 표현하세요, 어른이 된 후 그 사랑을 절실히 느낄 수 있도록!

그저 기다리기만 하다가 골든타임을 놓친다

아직까지도 사두증, 귀 연골 이상, 사경은 많은 부모들에게 생소한 증상이나 질환일 수 있습니다. 그래서 많은 분들이 일찍 이 문제에 대해 인지하지 못하고 교정할 수 있는 시기를 놓치곤 합니다.

제가 아쉬운 마음에 "왜 이렇게 늦게 병원에 오셨어요?"라고 물으면 대부분은 괜찮아질 거라고 믿었고, 이런 가벼운 증상에 병원을 찾는 것이 유별난 것처럼 보일 수도 있을 것 같았다고 하십니다.

물론 주변 분들이 만류하는 경우도 많지요. 나름 인터넷 카페 서칭을 하면서 이런 증상에 대해 많은 정보 교환을 하지만 돌아오는 답변은 그저 기다리면 좋아질 것이라는 상투적인 대답일 뿐입니다.

괜찮아질 거라는 막연한 희망(?)

일부 어머니들은 아이의 가벼운 증상에 깊은 관심을 갖고 병원을 수차례 드나들면서 정말 괜찮은 건지 여러 차례 의사에게 물어봤지만 매번 괜찮다고 하는 답변만 들었다고 하소연을 하십니다.

의사들은 만능 해결사가 아닙니다. 저 또한 마찬가지이지요. 자신이 익숙한 질환에 대해서는 잘 알지만 익숙하지 않은 질환이나 증상은 간과할 때가 있습니다.

누구를 탓할 문제는 아닙니다. 저도 과거에 똑같은 대답을 하고 있었기 때문입니다. 저도 처음에는 그저 괜찮아질 줄 알았습니다.

하지만 많은 사례를 통해 그것이 아니라는 것을 깨닫고 이런 증상에 대해 고민하고 연구하고 치료하게 된 것이지요.

잘못 알고 있었던 지식과 조언을 버려라

우리가 잘못 알고 있었던 지식들, 조언들 그리고 인터넷상의 무책임한 댓글들을 보면 참으로 안타깝습니다. 이런 잘못된 정보들이 자꾸 돌고 돌면서 치료의 적기를 놓치고, 또 다시 잘못된 정보를 양산하기 때문입니다.

이 책에서 다루는 이야기들은 아이를 앞으로 키우게 될 예비부모들, 현재 신생아를 키우고 있는 부모들, 아이를 같이 봐주시는 할머니와 할아버지들 그리고 그 외 보호자뿐 아니라 아이들을 가장 많이 진료하게 되는 소아청소년과 의사들, 모두가 인지하고 있어야 할 내용입니다.

아이의 머리와 귀 모양이 이상하고 아이가 한쪽만 바라보고 있다면 인터넷에서 괜찮아질 거라는 답변만 보지 마시고 이 책을 읽어보시기 바랍니다.

국내 최초로 사두증과 귀 연골 이상, 사경에 대한 치료를 밝힌 책

이 책을 쓰기 전 육아 건강서에 대한 책들을 찾아봤습니다. 혹시나 사두증이나 귀 연골 이상, 사경에 대해 전문적으로 소개한 책이 있나 하는 마음이었지요.

하지만 이것을 깊게 다룬 책은 없었습니다. 더불어 카페나 블로그에도 그저 산발적이고 정리되지 않은 경험담들이 주를 이루고 있었습니다.

저는 이 분야에 대해 저를 찾아오는 부모들뿐만 아니라 좀더 많은 사람들에게 알려드리고 싶었습니다. 그래서 현재 의료 현장에서 관련 진료를 하고 있는 의사의 경험과 느낀 점을 이 한 권에 담았습니다. 이 책이 많은 분들에게 조금이나마 도움이 되었으면 좋겠습니다.

예쁜 머리와 귀는 꾸준한 노력의 산물

예쁜 머리와 귀는 당연히 주어지는 게 아니라 오랜 시간과 꾸준한 노력을 통해 얻어지는 것입니다. 이 책에 나와 있는 정보를 통해 소중한 아이에게 복이 넘쳐흐를 것만 같은 동글동글한 예쁜 머리와 귀를 선물해주세요. 물론 훗날 아이의 척추 건강을 책임지는 사경도 잘 관리해야 합니다.

워킹맘으로 세 아이 돌보느라 고생한 아내와 항상 새로운 시도의 대상이 되어준 사랑하는 연우, 찬우, 민우에게 감사의 마음을 전하고 싶습니다.

2021년 1월

손근형

동글동글클리닉
어플리케이션

독자 여러분들과의 만남을 이어가기 위해 어플리케이션을 제작하였습니다. '동글동글클리닉'이라는 어플리케이션이 안드로이드 및 IOS 버전으로 출시가 됩니다. 사두증, 사경, 귀 연골 이상에 대해서 상담을 받고, 또한 비슷한 고민을 갖고 있는 부모들끼리 셀프 자세 교정 혹은 헬멧 교정, 운동 치료 정보를 나누는 공간이 되었으면 좋겠습니다.

곧 어플리케이션에서 만나요!

똑소리나는 육아어플

동글동글 클리닉

우리아이
동글동글
머리 만들기

초판 1쇄 인쇄 2021년 3월 9일
초판 1쇄 발행 2021년 4월 9일

—

지은이 손근형

—

발행인 최명희
발행처 (주)퍼시픽 도도

—

회장 이웅현
기획 · 편집 홍진희
디자인 김진희
일러스트 원지영
홍보 · 마케팅 강보람
제작 퍼시픽북스

—

출판등록 제 2004 – 000040호
주소 서울 중구 충무로 29 아시아미디어타워 503호
전자우편 dodo7788@hanmail.net
내용 및 판매문의 02-739-7656~9

—

ISBN 979-11-85330-97-6 13590
정가 15,000 원